멘사 수학
퍼즐 테스트

멘사 수학 두뇌 프로그램

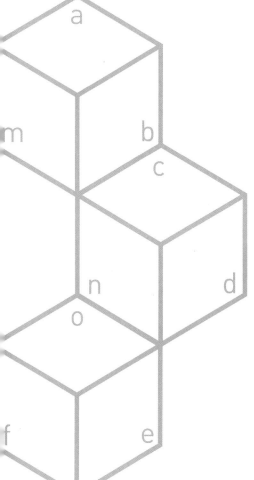

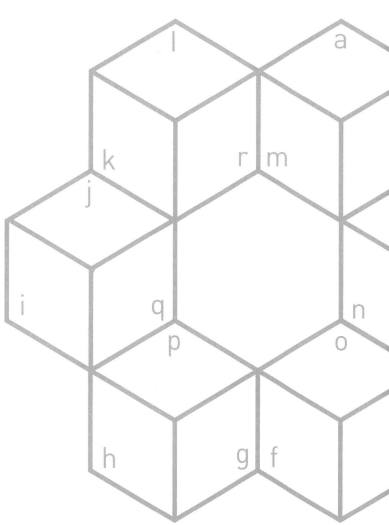

멘사 수학
퍼즐 테스트

멘사 인터내셔널 지음 · 김국인 옮김

다산기획

멘사 수학 퍼즐을 통해
자신의 성장을 발견할 수 있는 책!

김 국 인 _서울과학고등학교 수학 교사

이 책에는 다양한 형태와 난이도의 멘사 수학 퍼즐 문제가 있다. 앞에서부터 꼭 순서대로 풀어야 하는 것은 아니니, 취향대로 골라서 풀기를 권하고 싶다. 아주 쉬운 문제부터 굉장한 집중력과 인내심을 필요로 하는 문제까지 다양하게 구성되어 있다. 번호 순서를 고집하지 말고, 잘 풀리지 않는 문제 앞에서 좌절하기보다는 건너뛰고 다음 문제를 풀어 보는 것도 좋은 방법이다. 쉬운 문제부터 풀다보면 유형에 익숙해지기도 하고, 나만의 멘사 풀이의 팁을 찾을 수도 있을 것이다. 무조건 해답 풀이에 의존하기보다는 자신만의 창의적인 방법으로 다양하게 접근해보는 과정 자체가 이 책을 통해 얻을 수 있는 큰 성과가 될 것이다.

멘사 수학 퍼즐 문제를 하루에 몇 문제씩 꾸준히 풀다 보면 생각보다 꽤 만족스러운 성취감을 느낄 것이다. 그리고 답지에 실린 해답이나 해설보다 더 창의적이고 멋진 해법을 찾을 수도 있을 것이다. 이런 과정 속에서 자신의 성장하는 모습을 발견할 수 있을 것이다.
멘사 수학 퍼즐과 함께 하루하루 성장의 기쁨을 느낄 수 있기를 진심으로 바란다.

멘사 수학 두뇌 프로그램 시리즈!

멘사 수학 두뇌 프로그램의
5가지 활용법

두뇌 *upgrade* **1**
논리적 추론 능력 향상!

멘사 수학의 핵심이며 중추이다. 기존의 지능 테스트와 달리 무질서하게 주어진 상황과 정보 속에서 도전자들이 비교 분석을 통해 질서와 규칙을 발견하도록 이끈다. 이 과정을 통해 논리적 사고 및 논리적 추론 능력이 향상된다.

멘사 수학

아이큐 테스트
수학 테스트
퍼즐 테스트
논리 테스트

두뇌 *upgrade* **2**
창의적인 문제 해결 능력 향상!

도전자에 따라 다양한 방식으로 유연하게 문제를 풀 수 있다. 상상력을 발휘하여 새로운 방식으로 시도하고 도전해봄으로써 사고의 유연성과 창의적인 문제 해결 능력을 키운다.

두뇌 *upgrade* **3**
공간 지각 능력 향상!

도형을 이용해 추리력과 공간 지각력을 테스트한다. 추상적인 시각 정보를 객관적으로 받아들이고 스스로 문제를 해결해가는 과정을 통해 수학에서 가장 난해한 분야인 공간 지각 능력을 향상시킨다. 또한 새로운 연역과 추론이 가능해지고, 결과적으로 다룰 수 있는 정보의 양도 늘어난다.

두뇌 *upgrade* **4**
수리력과 정보 처리 능력 향상!

복잡하고 어려운 계산을 요구하지 않는다. 배우고 외운 내용을 기계적으로 학습하기보다는 실제 데이터를 바탕으로 발상의 전환을 요구한다. 수리력과 정보 처리 능력의 향상을 통해 탐구의 재미를 높이고, 새로운 사실을 받아들이는 능력을 키운다.

두뇌 *upgrade* **5**
기억력과 집중력 향상!

멘사 수학의 다양한 수학 퍼즐을 풀어가는 과정은 곧 적극적인 두뇌 운동이자 훈련이다. 운동으로 근육을 만들듯, 멘사 수학 테스트는 집중력을 향상시키고 두뇌를 깨워 두뇌의 근육을 키워준다.

이 책의 사용설명서

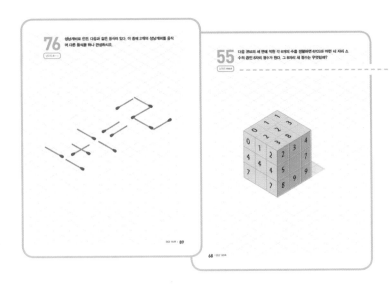

난이도 ★★★

각 문제마다 난이도를 3단계로 나누어 표시해 두었다.

이 책에는 수리 연산, 규칙, 논리 공간 등 다양한 수학 영역의 문제가 3단계의 난이도에 따라 구성되어 있다.

처음에는 쉬운 문제부터 도전해 보는 것도 좋은 방법이다.

멘사 수학 퍼즐 테스트는 기본 지식이나 정보가 필요하기보다는 사고의 유연성과 적극성을 발휘하여 사고의 경로나 범위를 확장하는 문제이다.

논리적 사고 및 수평적 사고

논리적 사고는 멘사 수학 퍼즐의 핵심이라고 할 수 있다. **주어진 일련의 정보를 바탕으로 정답에 이르는 데 필요한 단계들을 생각해 낸다.** 또한 수평적 사고는 상상력을 발휘해 새로운 방식으로 사고함으로써 문제 해결의 실마리를 찾는 데 도움을 준다.

6

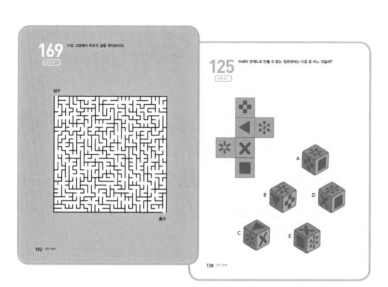

공간 지각 능력

미로 찾기나 전개도 문제는 공간 지각 능력을 키우는 데 많은 도움을 준다.
추상적인 시각 정보를 객관적으로 받아들이고 스스로 문제를 해결해 가는 과정을 통해 멘사 수학 퍼즐 중에서 난해한 분야인 공간 지각 능력을 향상시킬 수 있다.

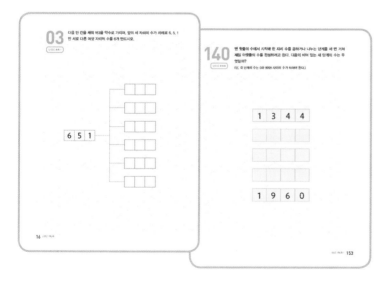

수의 규칙 및 연산 능력

멘사 수학 퍼즐의 기본은 수의 개념과 체계, 수의 관계와 규칙을 이해하는 데서 출발한다. **이런 수의 연산과 규칙성 문제들을 통해 두뇌 훈련도 하고, 수의 감각도 키우며, 집중력을 키울 수 있다.**

이소연 _안산 대월초등학교 선생님

멘사 수학 시리즈를 통해 수학의 다양한 유형과 난이도의 문제를 접함으로써 사고력과 창의력을 키울 수 있을 것 같다. 직관적 사고력을 요구하는 문제와 논리적 사고력을 요구하는 문제들이 골고루 섞여 있어 뇌 발달에도 도움이 될 것이다. 이 책에는 난이도에 따라 어려운 문제들도 있으나 중학교 수준에 맞춰 친절한 해설이 달려 있어 문제를 해결하는 데 많은 도움을 줄 것이다.

김혜리_한신 수학학원 원장

문제의 구성이 수리력 문제와 사고력 문제가 골고루 섞여 있어 매우 좋았다. 또한 모든 문제가 입체적인 그림과 함께 구성되어 있어 학생들 입장에서 신선하고 지루하지 않게 풀 수 있다는 데에 높은 점수를 주고 싶다. 4권으로 이루어진 멘사 수학 시리즈는 수학의 다양한 영역과 난이도 문제로 구성되어 있어 집에 비치해 둔다면 초등학생부터 고등학생까지 그리고 멘사 문제와 두뇌 발달에 관심이 많은 성인들에게도 좋은 기본 교재가 될 것이다.

조진광_자영업

나이가 들수록 암산이나 숫자를 기억하는 일이 점점 힘들어졌다. 이렇게 숫자 감각이 떨어지다 치매에 걸리지 않을까 걱정도 되었다. 뭐 좋은 방법이 없을까 고민하다 이 멘사 수학 시리즈를 알게 되었다. 처음에는 어떻게 문제를 풀어야 할지 감이 잡히지 않았다. 하루에 열 문제만 풀기로 하고 매일 반복하니 점점 속도가 빨라졌다. 같은 유형의 문제가 반복되어 풀이법을 응용하니 중간에 포기하지 않고 끝까지 풀 수 있었다. 오랜만에 몰입해서 문제를 풀다보니 점차 두뇌 회전이 빨라졌고 스스로도 대견했다.

정민형 _원묵중학교 1학년

멘사 수학 시리즈는 개인적으로 숫자를 이용한 다양한 유형의 문제가 많아 좋았다. 단순 공식 대입이 아니라 창의적 사고를 필요로 하는 문제이기에 난이도에 따라 어렵게 느껴지기도 했지만 기발하고 신기했다. 멘사 수학 시리즈 중에서 멘사 수학 퍼즐 테스트와 멘사 수학 논리 테스트가 다른 책보다 조금 어렵게 느껴졌다. 하지만 난이도가 쉬운 문제의 팁을 적용하니 어려운 문제도 하나씩 해결할 수 있었다.

김재우 _자양중학교 3학년

멘사 수학 문제라 긴장했는데, 생각보다 막막하지 않았고, 푸는 과정도 흥미롭고 재미있었다. 특히 다양한 유형의 문제들이 있어 지루하기보다는 다양한 시도와 접근을 해볼 수 있어 좋은 기회가 되었다. 일부 확률 문제나 논리 문제, 도형 문제 중에서 어려운 문제도 있었지만 해설이 친절하게 되어 있어 많은 도움이 되었다.

한찬종 _잠실중학교 2학년

처음 접해보는 유형의 문제였다. 처음에는 어려워 포기하고 싶었다. 하지만 마음을 바꿔 풀 수 있는 쉬운 문제부터 도전해보니 생각보다 쉽게 풀렸다. 기분이 짜릿했다. 무엇보다 학교에서 배우는 수학과 좀 다른 방식으로 생각하고 문제를 풀어나가는 게 신선했고 지루하지 않았다. 특히 다양한 수학 영역의 문제가 골고루 섞여 있어 내가 어느 부분이 약한지 알 수 있는 좋은 기회였다.

전보람 _광양중학교 3학년

평소에 풀던 수학 문제집에서는 볼 수 없었던 새로운 유형의 문제들이 많아 무척 신선했다. 난이도가 상·중·하로 나뉘어 있어 거부감 없이 도전할 수 있었다. 창의력과 사고력을 요구하는 다양한 유형의 문제들이 많아 획일적인 수학 문제보다 지루하지 않았고, 두뇌 발달에 많은 도움을 줄 거 같다. 고등 수학을 진행하는 데도 좋은 경험이 될 거 같다.

멘사란 무엇인가?

멘사(Mensa)는 1946년 영국의 롤랜드 버릴(Roland Berrill) 변호사와 과학자이자 법률가인 랜스 웨어 (Lance Ware) 박사에 의해 창설된 국제단체이다. 멘사는 아이큐가 높은 사람들의 모임으로, 비정치 적이고 모든 인종과 종교를 넘어 인류복지 발전을 위해 최대한 활용한다는 취지로 만들어졌다. 남 극 대륙을 제외한 각 대륙 40개국에 멘사 조직이 구성되어 있고, 10만 명의 회원이 가입되어 있다.

멘사는 라틴어로 '둥근 탁자'를 의미하며, 이는 위대한 마음을 가진 사람들이 둥근 탁자에 둘러앉아 동등한 입장에서 자신의 의견과 입장을 밝힌다는 의미를 담고 있다.

멘사는 자체 개발한 언어와 그림 테스트에서 일정 기준 이상의 점수를 통과하거나 공인된 지능 테 스트에서 전 세계 인구 대비 상위 2% 안에 드는 148 이상을 받은 사람에게 회원 자격을 주고 있다. 이 점만이 멘사 회원의 유일한 공통점이며, 그 외의 나이, 직업, 교육 수준, 가치관, 국가, 인종 등은 매우 다양하다. 반면에 멘사는 정치, 종교 또는 사회 문제에 대해 특정한 입장을 지지하지 않는다.

이 모임의 목표는

첫째, 인류의 이익을 위해 인간의 지능을 탐구하고 배양한다.
둘째, 지능의 본질과 특징, 활용 연구에 매진한다.
셋째, 회원들에게 지적, 사회적으로 자극이 될 만한 환경을 제공한다.

아이큐 점수가 전체 인구의 2%에 해당하는 사람은 누구나 멘사 회원이 될 수 있다. 우리가 찾고 있 는 '50명 가운데 한 명'이 당신이 될 수도 있다.

멘사 회원이 되면 다음과 같은 혜택을 누릴 수 있다

국내외의 네트워크 활동과 친목 활동
예술에서 동물학에 이르는 각종 취미 모임
매달 발행되는 회원용 잡지와 해당 지역의 소식지
게임 경시대회에서부터 함께 즐기는 정기 모임
주말마다 여는 국내외 모임과 회의
지능 자극에 도움이 되는 각종 강의와 세미나
여행객을 위한 세계적인 네트워크인 SIGHT에 접속할 수 있는 권한

멘사에 대한 좀 더 자세한 정보는 멘사 인터내셔널과 멘사코리아 홈페이지를 참조하기 바란다.

www.mensa.org | www.mensakorea.org

004   옮긴이의 말
멘사 수학 퍼즐을 통해
자신의 성장을 발견할 수 있는 책!

010   멘사란 무엇인가

013   문제

185   해답

199   멘사 수학 퍼즐 보고서
도전하고 성장하라!

멘사 수학
퍼즐 테스트

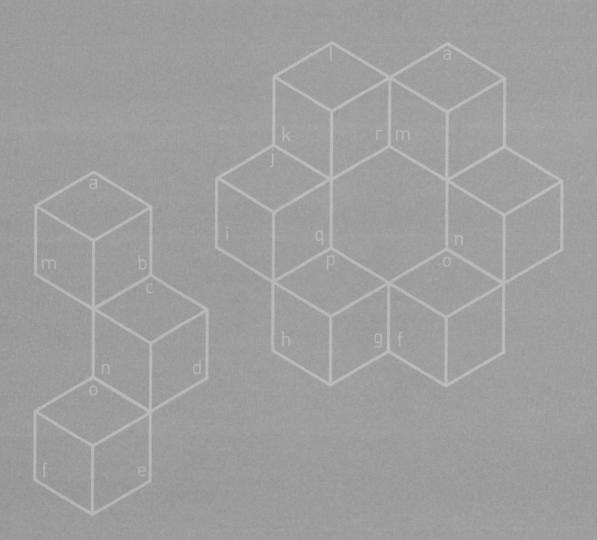

문제

01
난이도 ★☆☆

앤드류(Andrew)는 강변(riverside)은 좋아하지만 해변(shore)은 좋아하지 않고, 마이클(Michael)은 언덕(hills)은 좋아하지만 계곡(valleys)은 좋아하지 않으며, 말콤(Malcolm)은 시골(countrysied)은 좋아하지만 숲(forest)은 좋아하지 않는다. 토마스(Thomas)는 어느 곳을 좋아할까?

① 평지(plains)

② 초원(meadow)

③ 타이가(taiga)

④ 황무지(badlands)

⑤ 툰드라(tundra)

02

다음 격자판의 각 도형에는 일정한 값이 있다. 물음표에 들어갈 알맞은 숫자는 무엇일까?

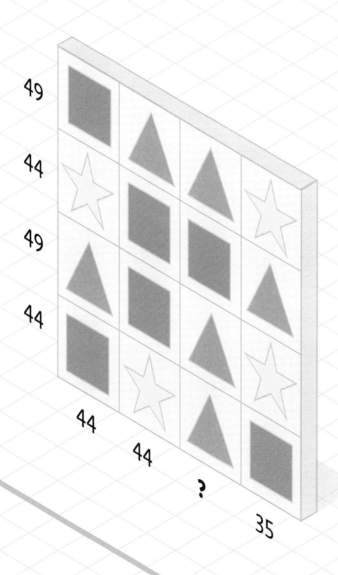

03

난이도 ★★☆

다음 빈 칸을 채워 163을 약수로 가지며, 앞의 세 자리의 수가 차례로 6, 5, 1
인 서로 다른 여섯 자리의 수를 6개 만드시오.

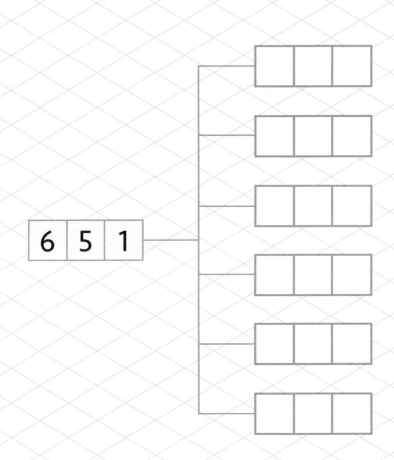

04

난이도 ★☆☆

다음 여행 가방에는 목적지가 함께 표시되어 있다. 그 중 다른 것은 어느 것일까?

① 덕유산 국립공원

② 가야산 국립공원

③ 내장산 국립공원

④ 무등산 국립공원

⑤ 월출산 국립공원

05

난이도 ★★★

인구가 100명인 마을이 있다. 이 마을의 주민 중 적어도 한 명은 진실한 사람이다. 그러나 이 마을에서 어떤 2명의 조합으로 짝을 짓더라도 그 둘 중 한 명은 거짓말쟁이다. 이 마을에 진실한 사람과 거짓말쟁이는 각각 몇 명일까?

06

세 칸 떨어진 칸에는 15만큼 큰 수가 적혀 있고, 두 칸 떨어진 칸에는 12만큼 작은 수가 적혀 있으며, 여섯 칸 떨어진 칸에는 5만큼 큰 수가 적혀 있고, 일곱 칸 떨어진 칸에는 4만큼 작은 수가 적혀 있는 칸은 다음 중 어느 칸일까? (단, 모든 거리는 직선이다.)

	A	B	C	D	E	F	G	H	I
1	52	9	35	11	18	16	80	7	21
2	29	15	70	89	75	9	78	86	4
3	58	26	4	6	70	52	15	72	84
4	17	37	85	54	53	87	38	97	8
5	72	21	92	83	38	2	39	56	84
6	43	61	25	96	33	19	48	39	56
7	54	62	4	47	53	17	49	31	61
8	31	94	29	7	46	11	4	75	88
9	46	8	74	96	83	51	65	36	5

07

난이도 ★★

아래의 타일을 이용하여 5개의 숫자열이 가로줄과 세로줄에 각각 배열되도록 5×5 격자판을 완성하시오. 격자판의 숫자열이 정확하게 배열되었다면 가로줄과 세로줄의 다섯 자리 수의 배치는 같다.

| 2 | 1 | 9 |

| 8 | | 0 | | 1 |
| 3 | | 1 | | 7 |

| 6 | 8 | 3 |

| 6 | 4 | 8 |

| 5 | 5 | | 8 | 2 |

| 5 | 1 |
| 6 | 9 |

| 5 | 2 |

3×3 격자판의 정사각형 중 하나가 잘못되었다. 다음 중 어느 것일까?

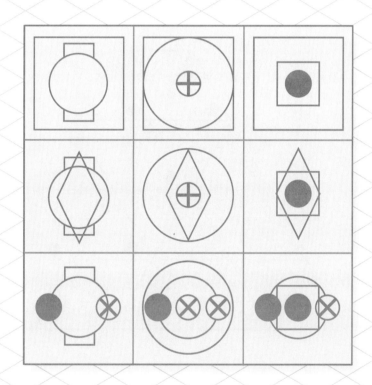

09 다음 그림은 특정 논리에 따르고 있다. 맨 위에 있는 삼각형에 들어갈 알맞은 기호는 무엇일까?

난이도 ★★☆

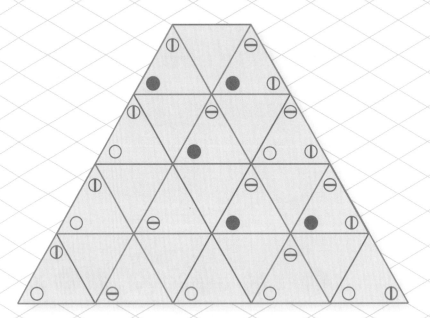

10

난이도 ★★☆

다음 그림은 특정 논리에 따르고 있다. 물음표에 들어갈 알맞은 숫자는 무엇일까?

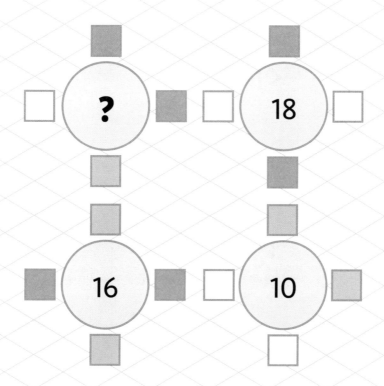

난이도 ★★★

다음 격자판의 숫자 중에 가장 작은 삼각수에 가장 큰 소수를 곱한 값은 얼마일까?

(단, 삼각수는 1, 3, 6, 10, 15, …와 같이 정삼각형 모양을 이루는 점의 개수이다.)

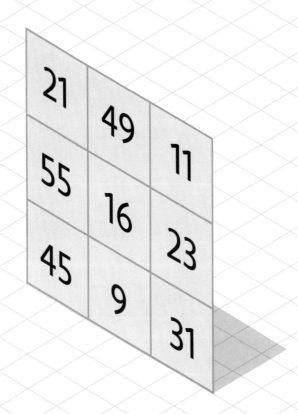

난이도 ★★★

다음 목록에는 일정한 규칙이 있다. 규칙에 맞지 않는 것은 어느 것일까?

볼턴	프랑크푸르트	포틀랜드
런던	케이프타운	아테네
치앙마이	로마	무스카트
파리	시드니	프라하
데리	마드리드	

13

다음 격자판의 각 사각형은 상(U), 하(D), 좌(L), 우(R)로의 이동 명령이다. 예를 들어 3R은 오른쪽으로 3칸 이동, 4UL은 위로 4칸 이동하고 왼쪽으로 4칸(즉 대각선 왼쪽 위로 4칸) 이동 명령이다. 격자판의 모든 사각형을 정확히 한 번씩 거쳐 F가 적힌 사각형에 도달하기 위해서는 어느 사각형에서 시작해야 할까?

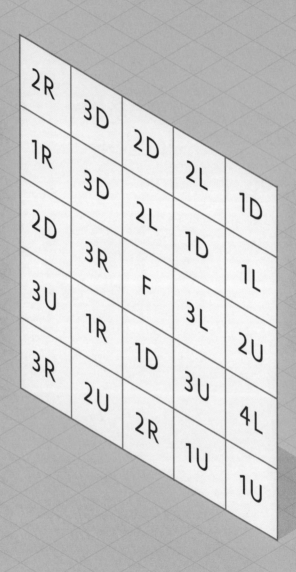

다음 물음표에 들어갈 알맞은 문자는 무엇일까?

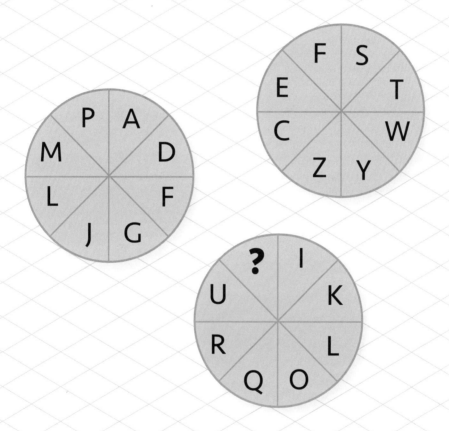

다음 격자판에는 특정 숫자열이 나열되어 있다. 그러나 그 숫자열에서 몇몇 숫자가 잘못 적혀 있다. 그 숫자열은 무엇일까?

1	5	3	7	2	6	4	8	0
9	1	7	2	6	4	8	4	8
0	7	1	5	3	7	2	8	4
8	1	9	1	5	3	7	4	6
4	9	0	9	1	5	3	6	2
6	4	8	0	9	1	5	2	7
2	6	4	8	0	9	6	5	3
7	2	6	4	8	4	9	1	5
3	7	2	6	8	8	0	9	1
5	3	7	4	6	4	8	0	9
1	5	0	7	2	6	4	8	0
9	3	5	3	7	2	6	4	8
0	5	1	5	3	7	2	6	4
8	1	9	1	5	3	7	2	6
4	9	0	9	1	5	3	7	2
6	4	9	1	5	3	7	3	7
2	6	4	8	0	9	1	5	3

각 문자에는 일정한 값이 있다. 다음 식에서 K의 값은 얼마일까?

$$M + N + N = 39$$

$$K + K + L = 37$$

$$L + M + N = 41$$

$$K + L + N = 36$$

17

난이도 ★☆☆

다음 그림은 특정 논리에 따르고 있다. 물음표에 들어갈 알맞은 숫자는 무엇일까?

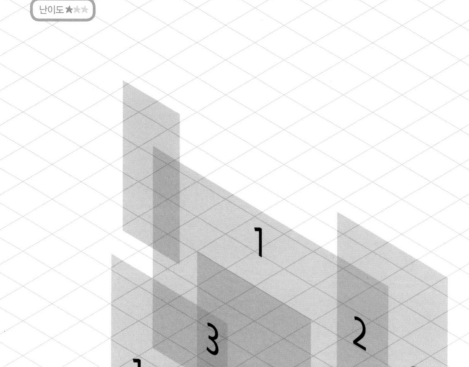

18

난이도 ★★★

아래의 수를 이용하여 다음의 십자풀이를 완성하시오.

1		2		3		4		5		6		7

3자리 수	5자리 수	6자리 수	7자리 수	9자리 수
350	12325	107613	1860589	184399096
637	50435	644059	2818249	327531981
900	57157	744858	3258302	609636074
911	58147	909137	3422047	636969961
	62658		4157622	
	82682		5636795	
	87135		7096359	
	90608		9090680	

19

난이도 ★

다음 그림에서 미로의 길을 찾아보시오.

입구

출구

20
난이도 ★☆☆

10명의 사람들이 파티 후에 코트를 찾고 있다. 어둡기 때문에 약간의 혼란이 있어 어떤 사람들은 자기 코트가 아닌 다른 사람의 코트를 찾을 수도 있다. 10명의 사람들 중 9명이 제대로 자신의 코트를 찾았다면, 10번째 사람이 자기 것이 아닌 다른 사람의 코트를 찾을 확률은 얼마일까?

21

난이도 ★★☆

다음 격자판에 적혀 있는 숫자와 문자는 특정 논리에 따르고 있다. 물음표에 들어갈 알맞은 숫자는 무엇일까?

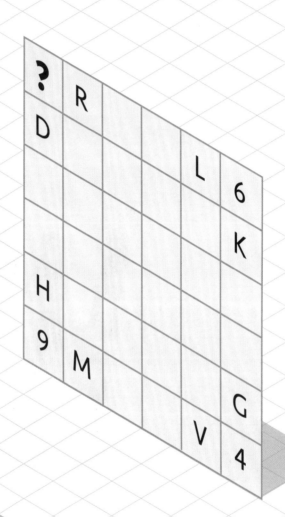

22

난이도 ★☆☆

다음 원판에는 특정 논리에 따라 문자가 적혀 있다. 물음표에 들어갈 알맞은 문자는 무엇일까?

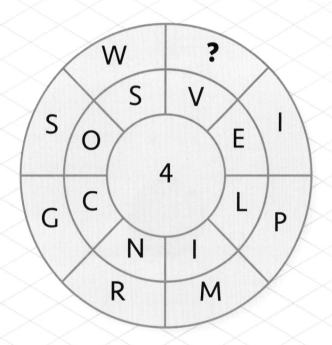

23

난이도 ★★☆

두 개의 달이 행성 주위의 궤도를 돌고 있다. 하나는 한 바퀴 도는 데 30일이 걸리고, 다른 하나는 5일이 걸린다. 지구와 천천히 도는 달 사이에 빨리 도는 달이 위치하여 일직선을 이룰 때, 다음 차례에 세 개의 천체가 같은 순서로 일직선이 되는 때는 언제일까?

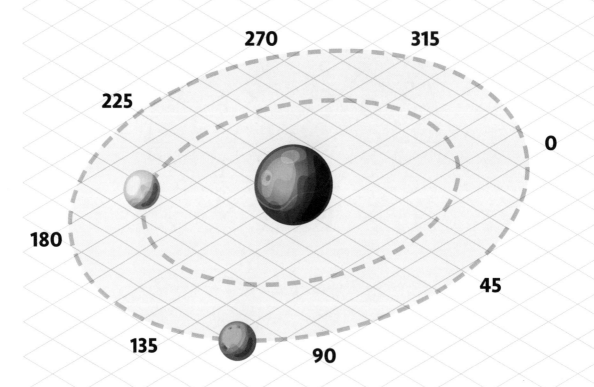

24

난이도 ★★☆

다음 격자판에서 각각의 가로줄과 세로줄, 대각선 방향으로 적힌 수들의 합이 모두 121이다. 빈 칸에 들어갈 알맞은 수를 넣으시오.
(단, 빈 칸은 서로 다른 4개의 수 중 하나이어야 한다.)

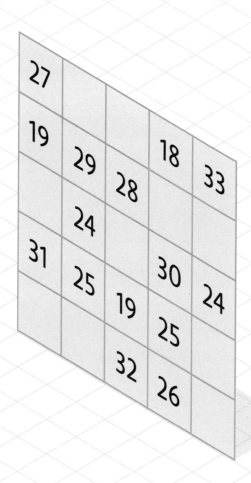

다음 보기 중 하나는 아래에 예시한 수들의 애너그램이 아니다. 다음 중 어느 것일까?

804, 331, 088, 950, 120, 324, 614

a	580, 468, 043, 103, 819, 201, 342
b	469, 018, 085, 280, 303, 244, 113
c	400, 800, 832, 192, 461, 543, 831
d	905, 446, 102, 100, 821, 833, 438
e	960, 330, 324, 484, 180, 215, 810
f	433, 201, 501, 314, 492, 608, 880
g	280, 135, 248, 018, 601, 039, 345
h	139, 541, 012, 808, 624, 003, 843
I	280, 003, 314, 468, 410, 893, 152

26

난이도 ★★★

다음 두 원판의 숫자는 일정한 닮은 점이 있다. 물음표에 들어갈 알맞은 숫자는 무엇일까?

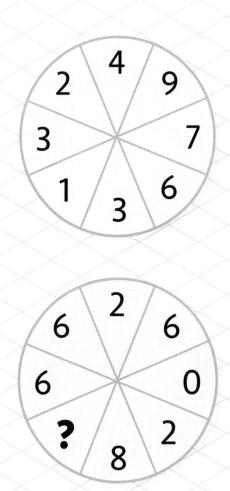

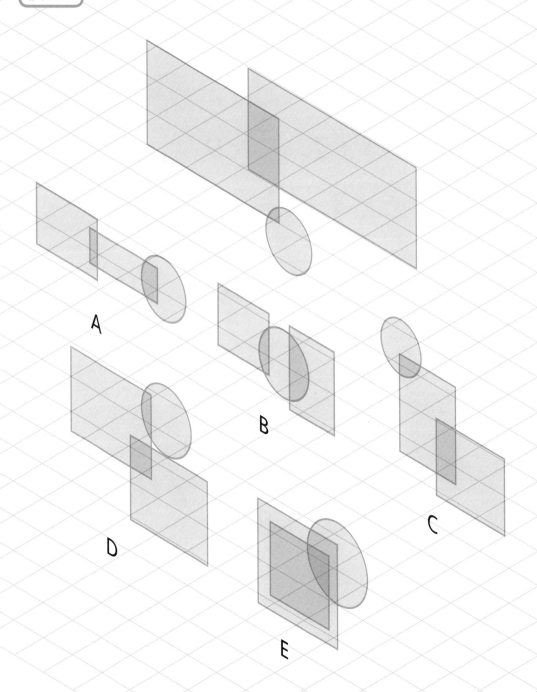

28

난이도 ★★★

다음 삼각형 안의 문자들로 단어를 만들 때 사용되지 않는 한 문자는 무엇일까?

(단, 같은 문자를 두 번 사용할 수 있다.)

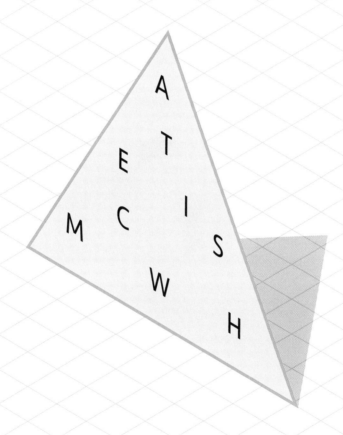

난이도 ★☆☆

마지막 판의 물음표에 들어갈 알맞은 표시는 무엇일까?

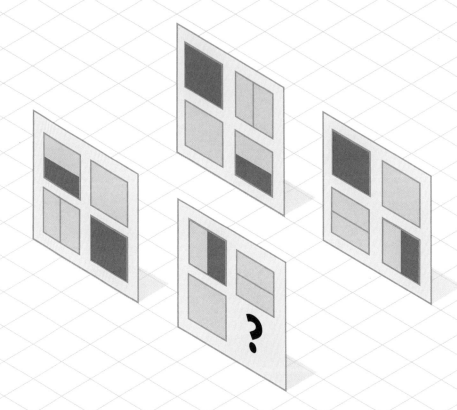

난이도 ★★★

다음 격자판은 특정 패턴에 따르고 있다. 격자판의 빈 부분을 채워보시오.

D	E	A	E	D	C	A	E	C	D	A	D	E	A	E	D
C	A	E	C	D	A	D	E	A	E	D	C	A	E	C	D
A	D	E	A	E	D	C	A	E	C	D	A	D	E	A	E
D	C	A	E	C	D	A	D				D	C	A	E	C
D	A	D	E	A	E	D	C			D	A	D	E	A	
E	D	C	A	E	C	D	A		E	D	C	A	E		
C	D	A	D	E	A	E	D	C	A	E	C	D	A	D	E
A	E	D	C	A	E	C	D	A	D	E	A	E	D	C	A
E	C	D	A	D	E	A	E	D	C	A	E	C	D	A	D
E	A	C	D	C	A	E	C	D	A	D	E	A	E	D	C
A	E	C	D	A	D	E	A	E	D	C	A	E	C	D	A
D	E	A	E	D	C	A	E	C	D	A	D	E	A	E	D
C	A	E	C	D	A	D	E	A	E	D	C	A	E	C	D
A	D	E	A	E	D	C	A	E	C	D	A	D	E	A	E
D	C	A	E	C	D	A	D	E	A	E	D	C	A	E	C
D	A	D	E	A	E	D	C	A	E	C	D	A	D	E	A

31

난이도 ★★★

다음 중 다른 하나는 어느 것일까?

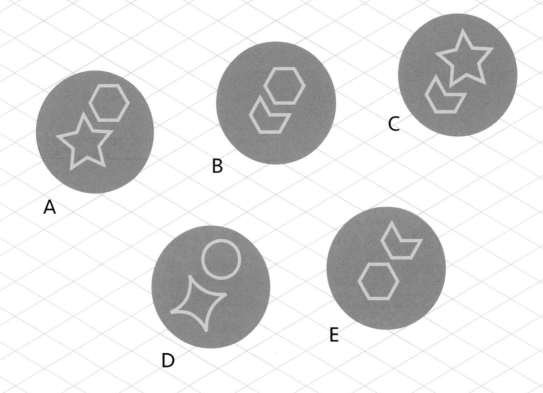

A

B

C

D

E

왼쪽에 있는 수들의 약수가 되는 네 자리 수는 무엇일까?

6924

19618

271190

13848

3462

24234

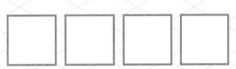

33

다음 격자판에서 아래에 제시된 36개의 수를 찾아보시오.

(단, 겹치는 숫자도 있다.)

난이도 ★★

1	5	1	2	3	1	2	0	4	5	7	3	7	9	5
9	5	2	4	0	9	9	0	6	9	7	0	2	2	7
1	7	1	2	8	0	2	2	2	4	2	7	1	3	3
9	7	8	5	0	4	5	3	0	4	4	6	7	4	9
4	6	0	0	8	9	9	5	5	5	7	6	3	1	8
8	6	6	7	6	2	6	1	6	1	6	5	2	5	8
5	1	9	8	3	8	1	5	5	8	3	5	1	5	4
3	3	8	0	4	2	1	7	4	4	8	1	1	4	2
5	3	0	9	7	5	5	3	0	7	7	5	0	3	8
3	5	5	0	2	5	5	0	0	8	4	0	9	0	1
1	9	5	1	6	8	5	7	1	3	9	7	3	8	5
1	4	5	9	6	5	3	0	4	7	5	3	0	9	0
6	7	4	3	2	4	4	4	1	1	4	3	7	1	3
2	3	1	8	6	2	2	4	0	1	7	2	7	6	7
3	1	1	9	7	1	6	9	8	5	1	6	7	2	8

256	16728	280222	37495331
433	26113	975530	40172767
676	28150	980345	55508960
1758	45362	1143713	94764403
3349	63874	3186224	99069702
4423	68201	3574035	119716985
5577	110930	5184783	191948535
8379	148491	5576318	204573795
8495	158217	8005520	275125156

34

난이도 ★★

다음 도미노 판에는 특정 규칙에 따라 문자가 적혀 있다. 물음표에 들어갈 알맞은 문자는 무엇일까?

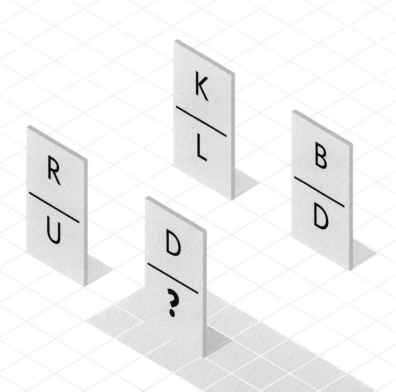

35

난이도 ★★☆

다음 그림에서 직사각형은 모두 몇 개일까?

36

난이도 ★ ★ ★

다음 그림에서 A가 B와 짝이라면, C는 누구와 짝을 이룰까?

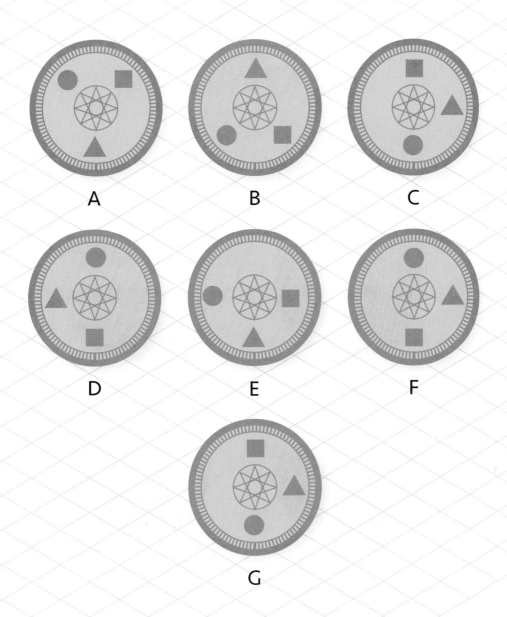

37

난이도 ★★★

아래의 도형과 합쳐서 완벽한 검정색 원판을 만들 수 있는 조각은 다음 중
어느 것일까?

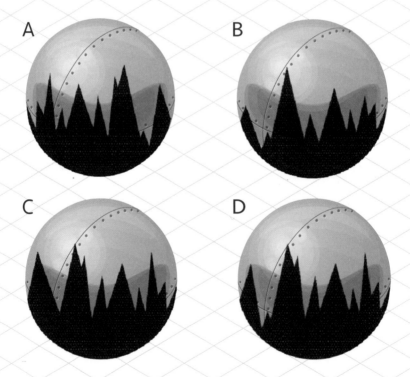

A

B

C

D

38

난이도 ★★★

다음 숫자들을 이용하여 격자판에 들어갈 34762의 배수가 되는 2개의 수를 완성하시오.

0
0
1
3
3
3
4
5
5
5
6
7

다음과 같이 각 저울이 균형을 이루고 있다. 마지막 저울이 균형을 이루기 위해 물음표에 필요한 추의 모양과 그 개수는 몇 개일까?

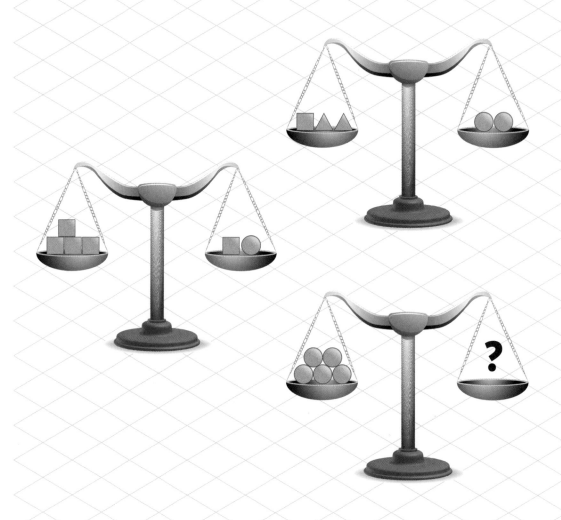

다음과 같이 바깥에 위치한 네 개의 원에 있는 기호를 안에 있는 원으로 전송하는 장치가 있다. 만약 기호가 한 번 또는 세 번 나타날 경우에는 반드시 전송되고, 두 번 나타날 경우에는 다른 기호로 전송되며, 네 번 나타날 경우에는 전송되지 않는다. 가운데 원에 전송된 모양은 무엇일까?

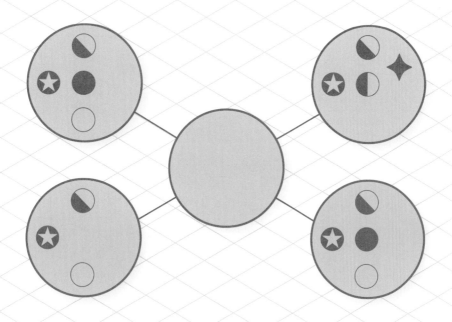

41

다음 시소가 균형을 이루고 있다. 물음표에 알맞은 추의 무게는 얼마일까?

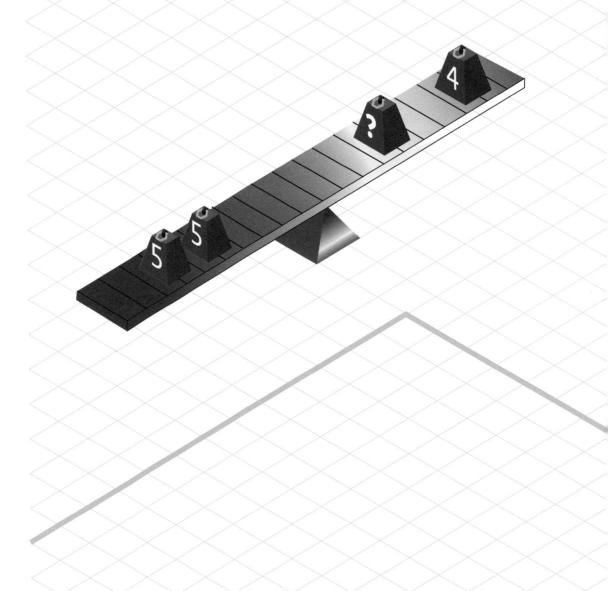

아래의 전개도로 만들 수 없는 정육면체는 다음 중 어느 것일까?

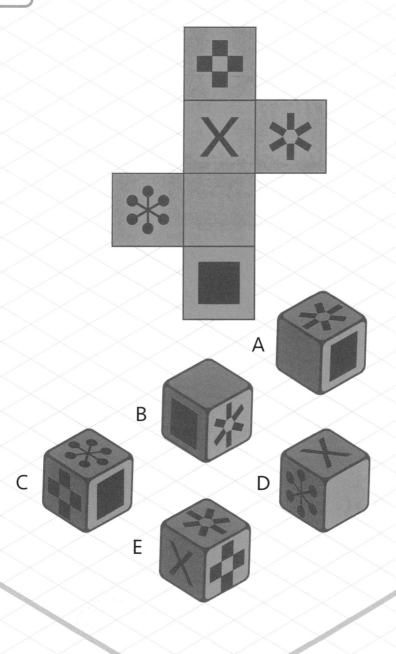

43

난이도 ★★☆

다음 목록에 적힌 수들은 특정 수열의 연속된 항이지만, 순서대로 배열되어 있지 않다. 어떤 수열일까?

1220703125

152587890625

1953125

244140625

30517578125

390625

48828125

6103515625

762939453125

9765625

44

난이도 ★★☆

왼쪽에 있는 수들의 약수가 되는 세 자리 수는 무엇일까?

35767

3044

362236

14459

6849

120238

☐ ☐ ☐

45

난이도 ★★★

다음 원판에는 일정한 규칙에 따라 숫자가 적혀 있다. 물음표에 들어갈 알맞은 숫자는 무엇일까?

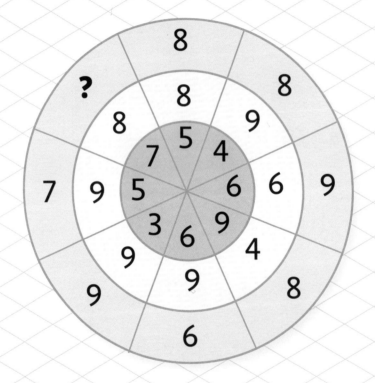

46
난이도 ★☆☆

12명의 사람으로 7명의 위원회를 구성하는 방법은 모두 몇 가지일까?

47
난이도 ★★☆

한 쪽 구석의 어느 한 수에서 시작해 길을 따라 가며 얻은 5개의 수를 모두 더할 때, 만들 수 있는 가장 큰 수는 얼마일까?
(단, 되돌아갈 수 없으며, 시작한 위치의 수를 포함한다.)

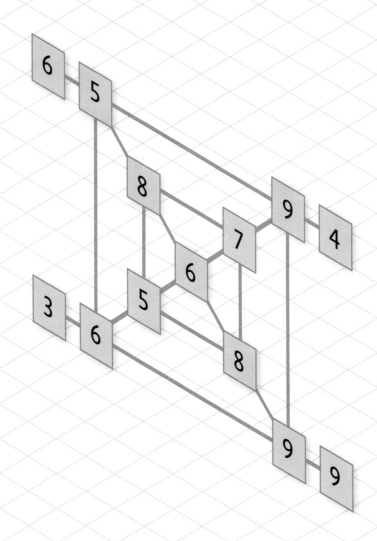

난이도 ★★★

G의 오른쪽으로 두 번째 문자의 왼쪽으로 네 번째 문자의 바로 왼쪽 문자의
오른쪽으로 네 번째 문자는 어느 것일까?

A B C D E F G H I J K L

49

난이도 ★★★

다음 사람의 배열 그림에서 다음에 올 사람의 모습은 어떤 모습일까?

50

난이도 ★★☆

다음 두 쌍의 원에는 특정 논리에 따라 문자가 배열되어 있다. 물음표에 들어 갈 알맞은 문자는 무엇일까?

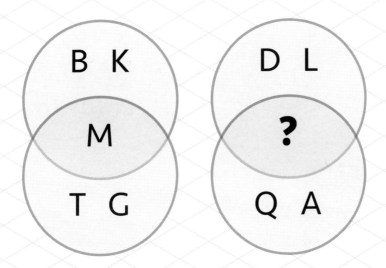

51

난이도 ★★★

다음 각 원에 적힌 7개의 숫자를 배열하여 349의 배수인 7자리 수를 만들려고 한다. 다음 중 불가능한 것은 어느 것일까?

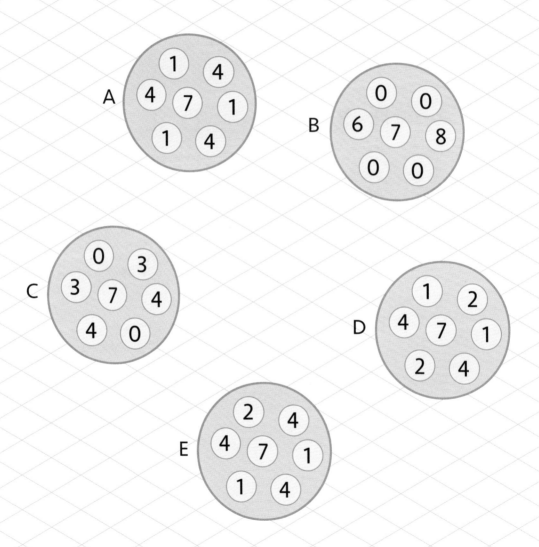

다음 수열에서 물음표에 들어갈 알맞은 숫자는 무엇일까?

$$0 \quad 1 \quad 1 \quad 2 \quad 3 \quad 5 \quad 8 \quad ?$$

53

다음 표에서 칸에 적힌 수는 그 칸 주변을 둘러싸고 있는 칸 중 지뢰가 있는 칸의 수를 의미한다. 지뢰가 있는 칸을 모두 찾으시오.

1			2		1		1		1
	2			3				2	2
	1					2	2	3	
		2		2					2
2	2	1	0			2			
						2	1		
	2	1				2		3	
			1		2		1	2	
	3	2				2	2		3
2				2	1				

다음 다섯 개의 등식을 만족시키는 X의 값은 얼마일까?

1. $\dfrac{4x+2y}{a+b}=c$

2. $x^2+a^2=c^2-2y^2$

3. $3bx=9y^2$

4. $a+c+2y=2b+x$

5. $2x+c=bx+a$

55

난이도 ★★★

다음 큐브의 세 면에 적힌 각 8개의 수를 정렬하면 6703과 어떤 네 자리 소수의 곱인 8자리 정수가 된다. 그 8자리 세 정수는 무엇일까?

56

어느 공급업체는 다양한 크기의 개 비스킷 상자(16, 17, 23, 24, 39, 40파운드의 상자)를 팔고 있다. 상자를 해체하지 않고 정확하게 100파운드를 주문하려면 어떻게 해야 할까?

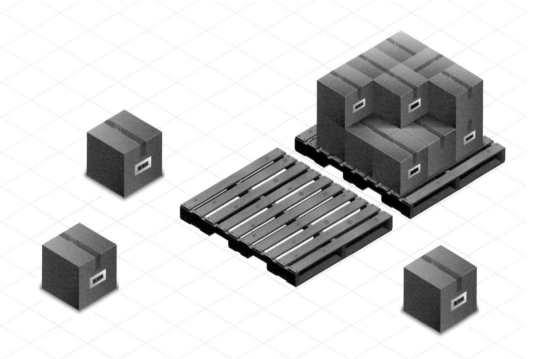

다음 수들의 공통점은 무엇일까?

333336

500500

10011

66066

198765

다음 그림들은 특정 논리에 따르고 있다. 물음표에 들어갈 알맞은 도형은 무엇일까?

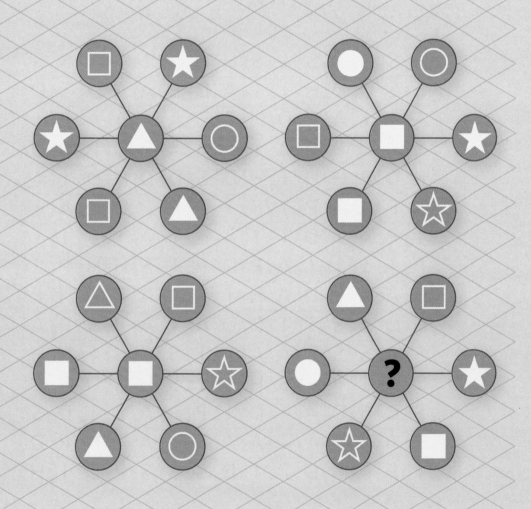

난이도 ★☆☆

다음 낱말판에서 'APHIDS'를 찾아보시오.

(단, 'APHIDS'는 한 번만 쓰여 있으며, 가로줄 또는 세로줄 또는 대각선으로 놓여 있다.)

H	S	S	P	S	I	S	H	H	S	I	I	A	S	S
S	S	D	D	H	I	I	A	D	P	A	A	D	S	D
A	I	I	A	P	D	H	S	D	A	I	A	A	P	I
I	A	H	P	H	A	I	A	A	P	D	P	P	D
P	D	P	H	H	I	H	D	S	D	D	H	D	I	A
A	P	A	S	P	I	S	I	D	P	P	D	D	A	I
I	P	A	I	D	I	I	A	H	I	A	I	S	I	I
P	I	I	I	I	A	P	D	P	I	S	H	H	P	S
H	A	A	P	D	A	H	I	A	A	A	P	I	H	P
H	D	A	S	I	I	D	D	A	I	A	P	S	P	A
S	A	S	S	D	A	A	S	I	S	S	I	H	H
D	A	I	P	P	S	H	I	I	S	H	S	D	S	P
S	D	S	D	A	I	D	I	P	D	A	S	I	D	S
I	A	S	A	I	I	A	A	S	I	A	I	H	P	D
I	P	A	S	D	P	I	D	S	S	S	P	D	I	H

60

난이도 ★★☆

다음 그림은 특정 논리에 따르고 있다. 물음표에 들어갈 알맞은 숫자는 무엇일까?

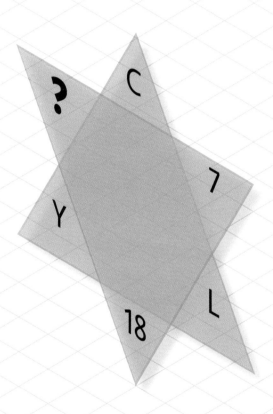

61

다음 격자판에는 특정 논리에 따라 숫자가 적혀 있다. 물음표에 들어갈 알맞은 숫자는 무엇일까?

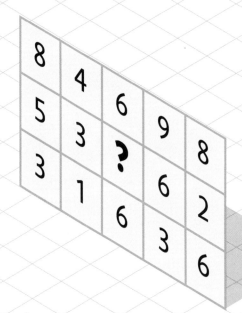

62

다음 삼각형에는 특정 논리에 따라 숫자가 적혀 있다. 물음표에 들어갈 알맞은 숫자는 무엇일까?

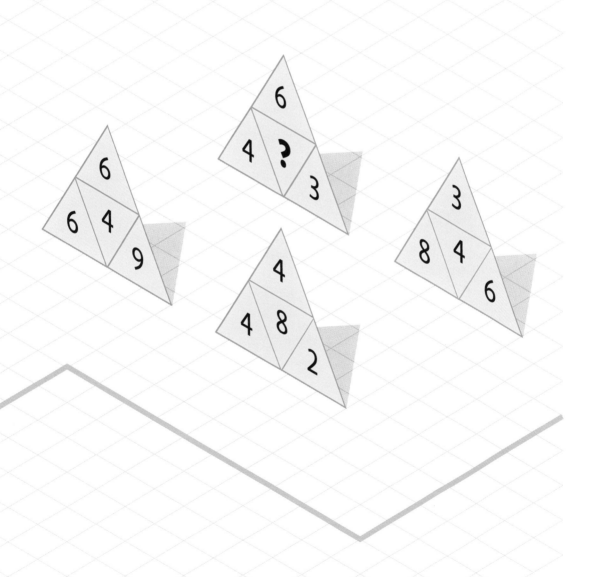

63

난이도 ★★☆

다음 그림은 특정 논리에 따라 숫자가 배열되어 있다. 물음표에 들어갈 알맞은 숫자는 무엇일까?

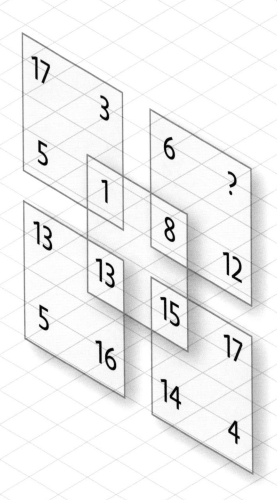

1~9까지의 수를 한 번씩만 사용하여 각 9자리의 제곱수 목록을 완성하시오.

| | 5 | 8 | 3 | 6 | |

| | 1 | 7 | 9 | 5 | |

| | 5 | 9 | 7 | 8 | |

| | 3 | 9 | 2 | 4 | |

| | 2 | 5 | 7 | 8 | |

65

다음 그림에는 수학 연산 기호 +, −, ×, ÷가 빠져 있다. 8에서 시작해 시계 방향으로 연산을 수행해 등식이 성립하도록 완성하시오.

(단, 연산의 결과는 바로 반영한다.)

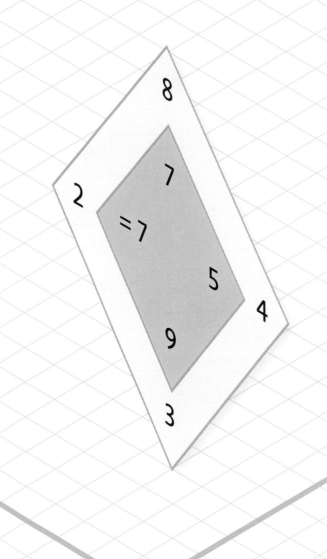

66

다음 격자판에는 특정 논리에 따라 숫자가 배열되어 있다. 물음표에 들어갈
알맞은 숫자는 무엇일까?

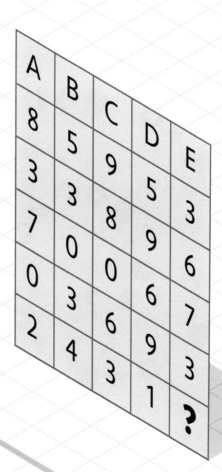

A	B	C	D	E
8	5	9	5	3
3	3	8	9	6
7	0	0	6	7
0	3	6	9	3
2	4	3	1	?

아래의 그림은 특정 순서에 따라 기호를 나열한 것이다. 물음표에 들어갈 알맞은 기호는 무엇일까?

난이도 ★★★

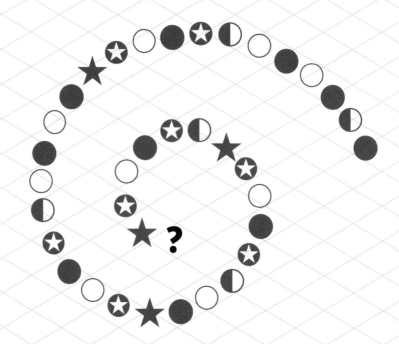

68

난이도 ★ ☆ ☆

다음 7개의 숫자 중에 6개는 논리적 연관성이 있다. 다음 중 논리적 연관성이 없는 숫자 하나는 어느 것일까?

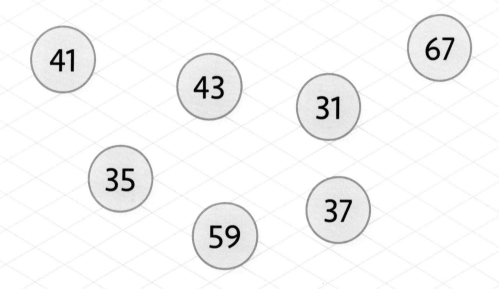

69

난이도 ★★★

오른쪽 원에 적힌 문자들 중 왼쪽 원으로 이동해야 할 문자는 다음 중 어느 것일까?

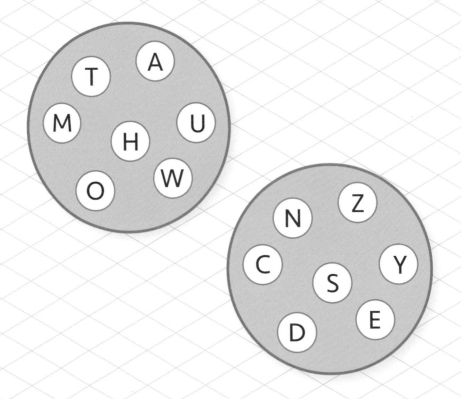

70

난이도 ★☆☆

다음 격자판에는 일정한 논리에 따라 숫자가 적혀 있다. 물음표에 들어갈 알맞은 숫자는 무엇일까?

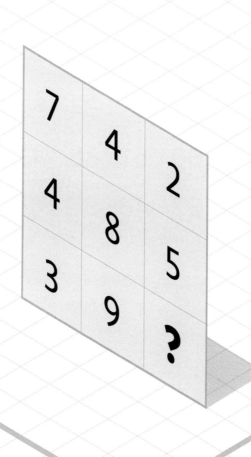

난이도 ★☆☆

다음 뒤죽박죽 수 목록에는 특정 숫자들이 빠져 있다. 빠진 숫자들의 공통점은 무엇일까?

54 44 33 34 52 38

39 30 51 36 42 49

40 32 48 35 45 50 46

다음 A, B, C 3개의 시계가 일정한 규칙으로 진행한다면 시계 D는 몇 시 몇 분일까?

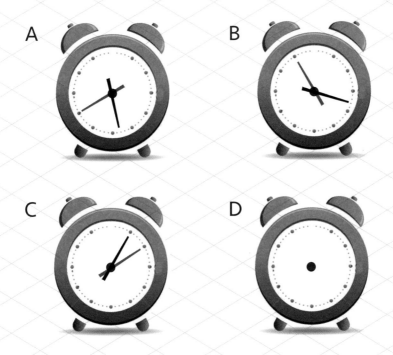

73

다음 다섯 조각 중 네 조각을 이용해 다각형을 만들 수 있다. 남는 하나는 어느 것일까?

난이도 ★☆☆

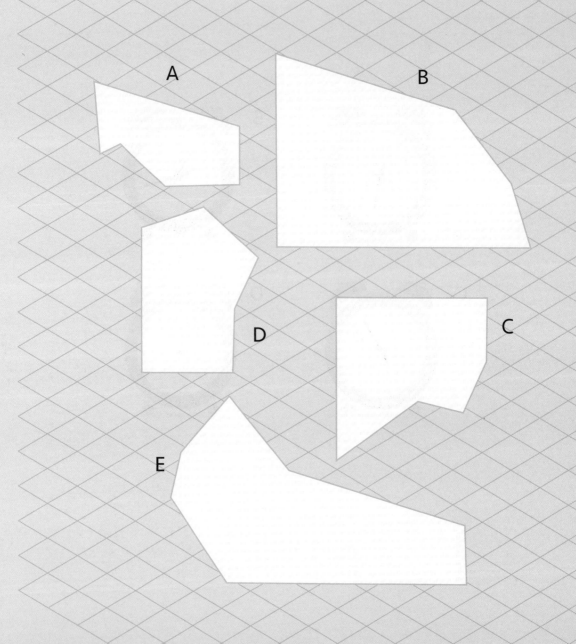

다음 격자판의 물음표에 들어갈 알맞은 문자는 무엇일까?

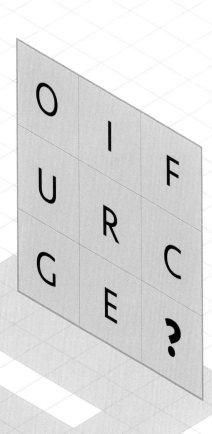

75

난이도 ★★★

다음 0에서 9까지의 숫자를 경로에 따라 한 번씩만 사용해 10자리 제곱수를 만들 때, 그 10자리 제곱수는 무엇일까?

(단, 한 번 지나온 경로는 다시 지나지 않는다.)

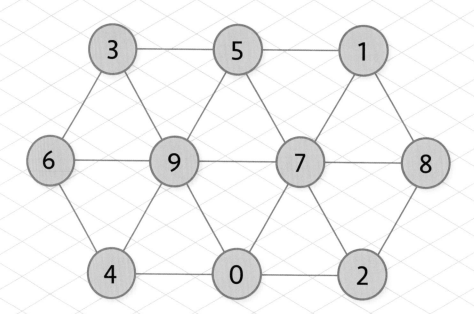

성냥개비로 만든 다음과 같은 등식이 있다. 이 중에 2개의 성냥개비를 움직여 다른 등식을 하나 완성하시오.

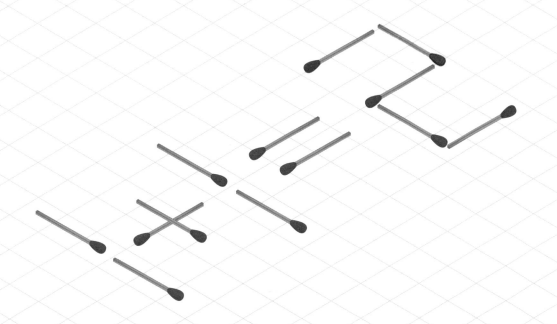

난이도 ★★★

다음 격자판에는 특정 논리에 따라 문자가 적혀 있다. 물음표에 들어갈 알맞은 문자는 무엇일까?

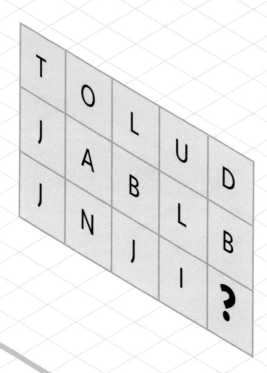

78

난이도 ★★☆

다음 원판에는 일정한 규칙에 따라 숫자가 적혀 있다. 물음표에 들어갈 알맞은 숫자는 무엇일까?

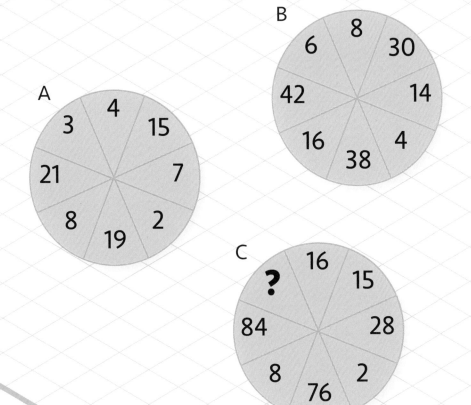

79

난이도 ★★☆

수학 연산 기호 +, −, ×, ÷, =를 이용하여 등식을 완성하시오.
(단, 원하는 위치에 괄호를 사용해도 된다.)

23 ◯ 8 ◯ 1 ◯ 10 ◯ 5 ◯ 8 ◯ 2 ◯ 1

다음 보기 A~R 중에 같은 로마 숫자가 적힌 면은 어느 것일까?

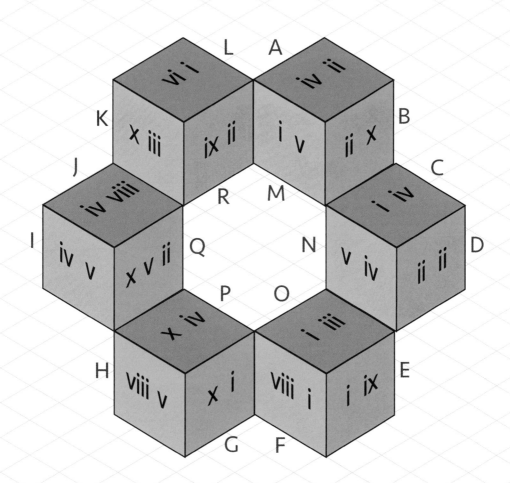

다음 원판의 물음표에 들어갈 알맞은 숫자는 무엇일까?

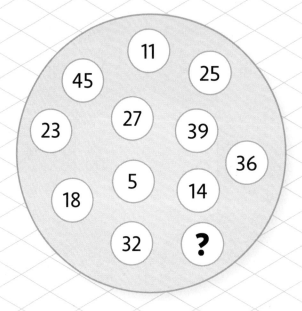

다음 도미노 판에는 특정 논리에 따라 문자가 적혀 있다. 물음표에 들어갈 알맞은 문자는 무엇일까?

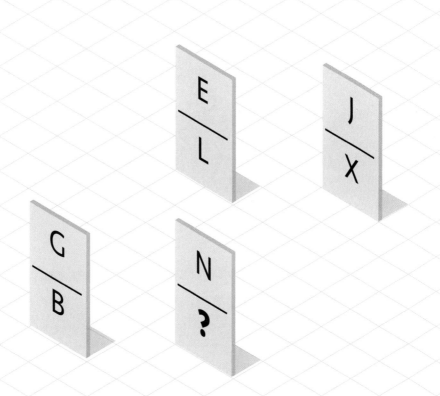

83

난이도 ★★★

맨 윗줄의 수에서 시작해 한 자리 수를 곱하거나 나누는 단계를 세 번 거쳐 제일 아랫줄의 수를 완성하려고 한다. 다음의 비어 있는 세 단계의 수는 무엇일까?

(단, 각 단계의 수는 0과 9999 사이의 수가 되어야 한다.)

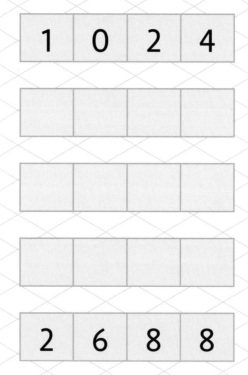

난이도 ★

다음 원 뭉치에서 원은 모두 몇 개일까?

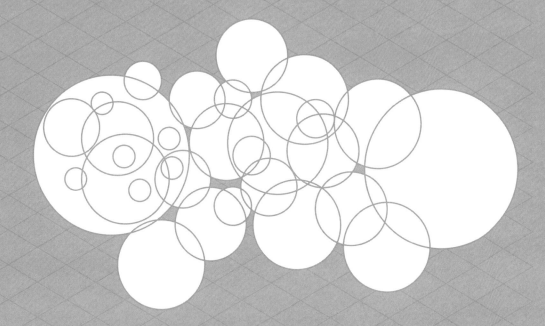

다음 원판에서 세 개의 물음표에 들어갈 알맞은 숫자는 무엇일까?

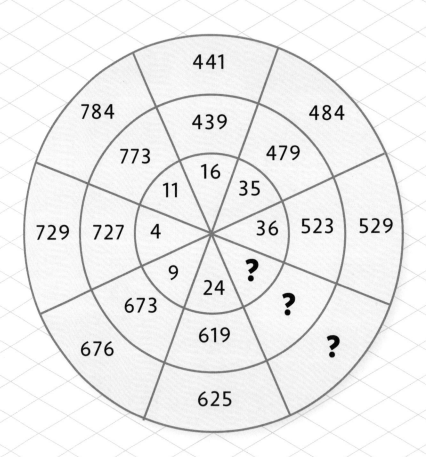

다음 격자판에는 어떤 규칙에 따라 색칠되어 있다. 하지만 색칠되어야 할 한 칸이 빠져 있다. 다음 중 어느 칸일까?

87

난이도 ★★☆

다음 목록에 적힌 수들은 특정 수열의 연속된 항이지만, 순서대로 배열되어 있지 않다. 어떤 수열일까?

121393

1346269

196418

2178309

317811

3524578

46368

514229

75025

832040

88

난이도 ★☆☆

다음은 성냥개비를 이용해 로마 숫자로 만든 수식이다. 성냥개비를 하나만 움직여 올바른 등식을 완성하시오.

다음 격자판의 각 사각형은 상(U), 하(D), 좌(L), 우(R)로의 이동 명령이다. 예를 들어 3R은 오른쪽으로 3칸 이동, 4UL은 위로 4칸 이동하고 왼쪽으로 4칸(즉 대각선 왼쪽 위로 4칸) 이동 명령이다. 격자판의 모든 사각형을 정확히 한 번씩 거쳐 F가 적힌 사각형에 도달하기 위해서는 어느 사각형에서 시작해야 할까?

2L	3DR	3D	1DR	4DL	6D	4DL
1UL	4D	1DL	2L	1R	4D	6L
5R	2UR	4DR	3L	3D	1D	2U
3U	1D	1U	F	1U	2UL	5L
2U	1DL	4R	1R	4U	1UR	3U
1D	2UR	2UL	3U	2L	1R	3L
4R	2U	5U	2U	2L	2U	3L

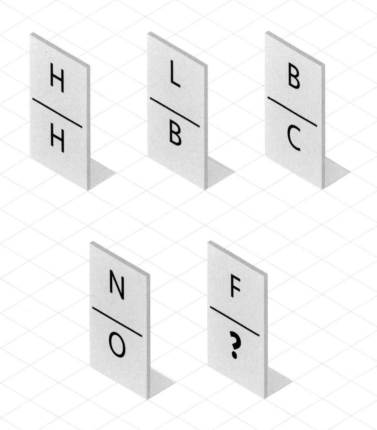

90

난이도 ★☆☆

다음 도미노 판에는 특정 논리에 따라 문자가 적혀 있다. 물음표에 들어갈 알맞은 문자는 무엇일까?

91

난이도 ★★☆

다음 격자판에서 각각의 가로줄과 세로줄, 대각선 방향으로 적힌 수들의 합이 모두 115이다. 빈 칸에 들어갈 알맞은 수를 넣으시오.

(단, 빈 칸은 서로 다른 5개의 수 중 하나이어야 한다.)

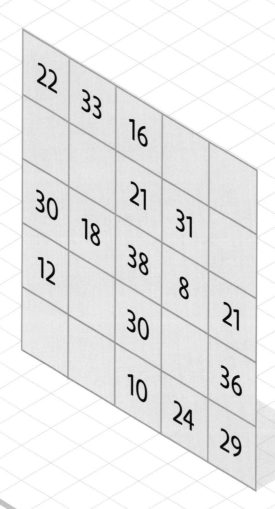

92

난이도 ★★☆

다음 그림은 특정 논리에 따르고 있다. 물음표에 들어갈 알맞은 숫자는 무엇일까?

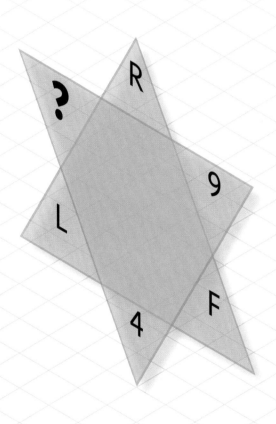

93

난이도 ★☆☆

다음 격자판에서 빠진 두 숫자의 공통점은 무엇일까?

45								
31								
30	42	47	28					
37	26	32	29	38	33	39		
	40	34	46	51	44	48		
		41	24	50	27	35		
					43			

45 31 30 42 47 28 38 33 39 48 37 26 32 29 46 51 44 27 35 40 34 41 24 50 43

94

난이도 ★★☆

왼쪽에 있는 수들의 약수가 되는 네 자리 수는 무엇일까?

54179

172098

6374

82862

270895

73301

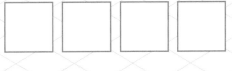

난이도 ★★☆

다음 그림은 특정 논리에 따르고 있다. 물음표에 들어갈 알맞은 숫자는 무엇일까?

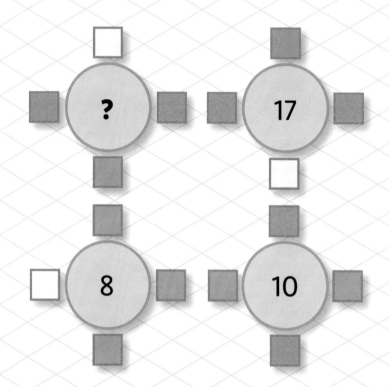

96

난이도 ★★☆

지금 당신은 앞면과 뒷면이 나올 확률이 같지 않은 동전을 가지고 있다. 이 동전으로 편견 없는 결정을 내릴 수 있는 방법은 무엇일까?

97

난이도 ★★★

아래의 수를 이용하여 다음의 십자풀이를 완성하시오.

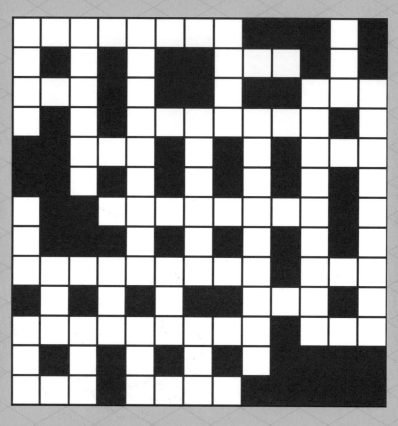

3자리 수	420	4자리 수	7자리 수	9자리 수
	483		1277149	168357562
183	534	3327		233571289
212	584	6433	8자리 수	391368944
256	598	8021		596682946
301	619		84332386	860352417
342	660	6자리 수	89239583	974132425
374	876			
376	933	266447		
409	972	749394		

98

난이도 ★★☆

다음 격자판에는 특정 숫자열이 나열되어 있다. 그러나 그 숫자열에서 몇몇 숫자가 잘못 적혀 있다. 그 숫자열은 무엇일까?

6	3	8	0	1	2	5	0	3
1	4	3	6	3	8	2	5	2
5	1	4	1	4	3	6	3	5
0	1	0	5	0	3	1	4	3
6	3	5	0	1	2	5	0	4
1	4	3	6	3	8	0	1	0
5	0	4	1	4	0	6	3	1
0	1	0	5	0	3	0	6	0
6	3	1	0	1	2	5	0	6
1	4	3	6	3	8	0	1	0
5	0	4	1	4	0	6	3	1
0	1	0	5	0	3	1	4	3
6	0	1	0	1	2	4	5	3
1	4	0	6	3	8	0	1	2

두 개의 달이 행성 주위의 궤도를 돌고 있다. 하나는 한 바퀴 도는 데 16일이 걸리고, 다른 하나는 9일이 걸린다. 지구와 천천히 도는 달 사이에 빨리 도는 달이 위치하여 일직선을 이룰 때, 다음 차례에 세 개의 천체가 같은 순서로 일직선이 되는 것은 언제일까?

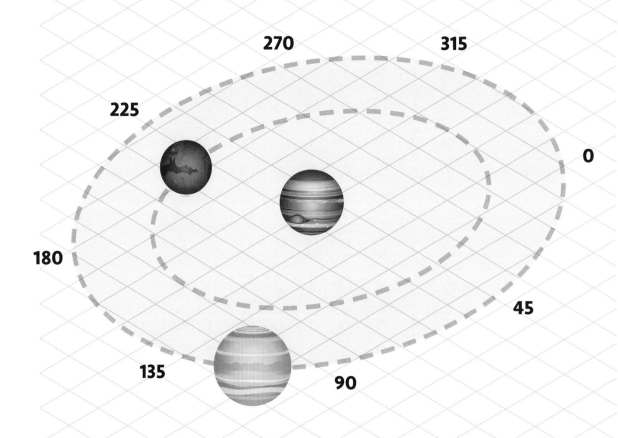

100

다음 삼각형에는 특정 논리에 따라 문자가 적혀 있다. 물음표에 들어갈 알맞은 문자는 무엇일까?

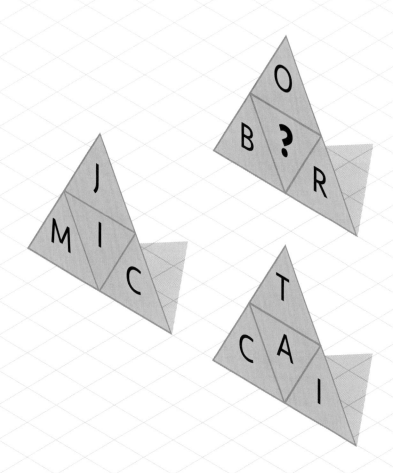

난이도 ★★★

1~9까지의 수를 한 번씩만 사용하여 각 9자리의 제곱수 목록을 완성하시오.

	2		9		3		8	

	4		1		9		3	

	2		1		7		5	

	1		3		4		7	

	3		2		9		8	

마지막 판의 물음표에 들어갈 알맞은 표시는 무엇일까?

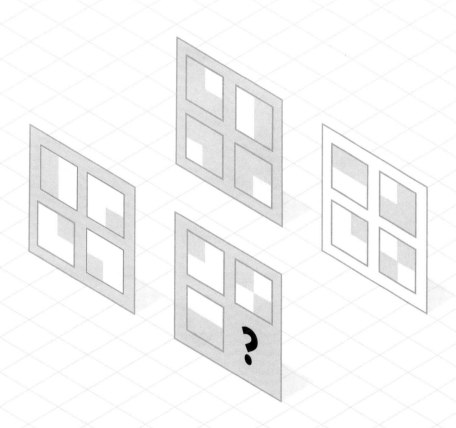

다음과 같이 각 저울이 균형을 이루고 있다. 마지막 저울이 균형을 이루기 위해 물음표에 필요한 사각형 추의 개수는 몇 개일까?

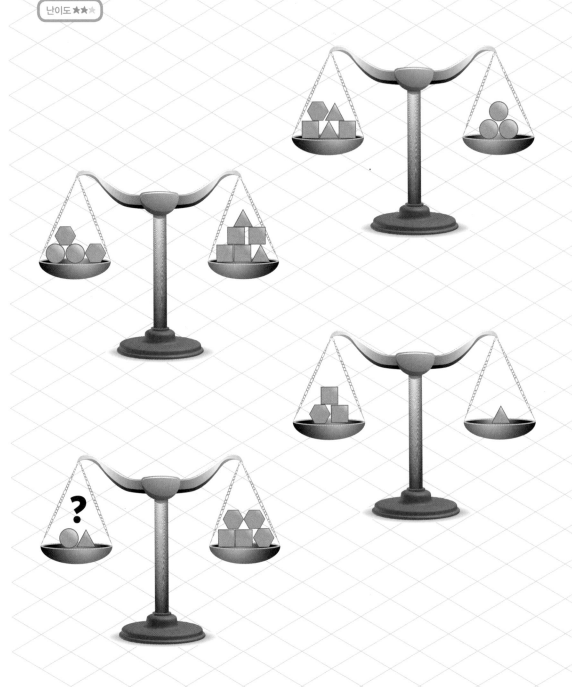

난이도 ★★

다음 표에서 칸에 적힌 수는 그 칸 주변을 둘러싸고 있는 칸 중 지뢰가 있는 칸의 수를 의미한다. 지뢰가 있는 칸을 모두 찾으시오.

1				2		4					
	3	3	3		3	3			4	2	2
					2						
		3	3	2		1					
2										2	
0			2	2		0	2				2
			1	1				2	3		
1						0	0				
2	3				1					3	
	3			2				1	1	3	2
			3	3					4		2
	2	0				2	1			2	

105

난이도 ★★★

다음 각 원에 적힌 7개의 숫자를 배열하여 523의 배수인 7자리 수를 만들려고 한다. 다음 중 불가능한 것은 어느 것일까?

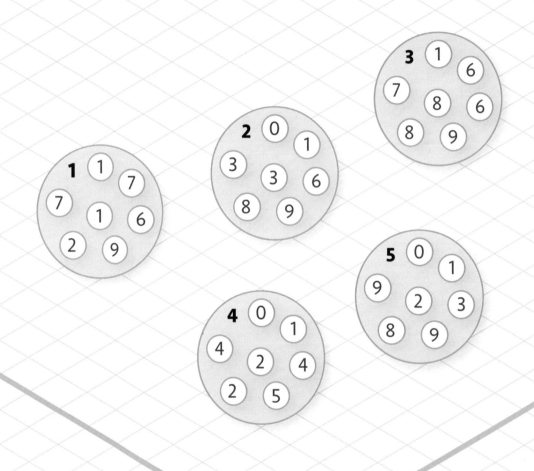

106

난이도 ★★☆

수학 연산 기호 +, −, ×, ÷, ^, =를 이용하여 등식을 완성하시오.
(단, 원하는 위치에 괄호를 사용해도 된다.)

13 ◯ 5 ◯ 6 ◯ 4 ◯ 16 ◯ 6 ◯ 2 ◯ 8 ◯ 4

107

다음 삼각형에는 특정 논리에 따라 숫자가 적혀 있다. 물음표에 들어갈 알맞은 숫자는 무엇일까?

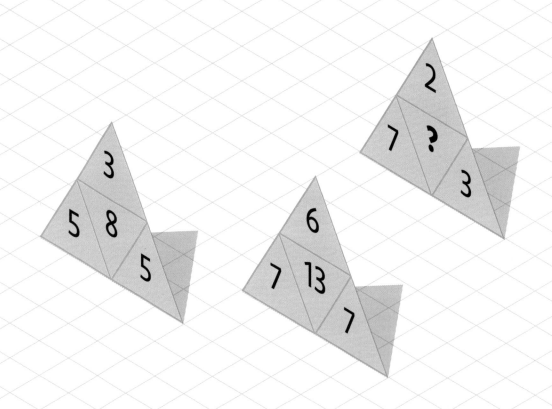

108

다음 시소가 균형을 이루고 있다. 물음표에 알맞은 추의 무게는 얼마일까?

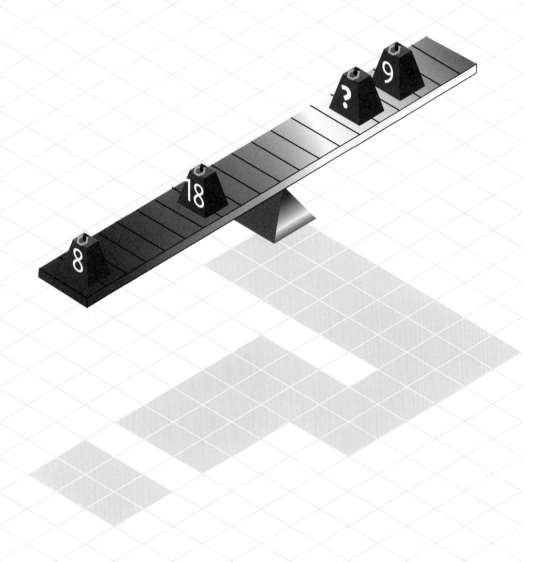

109

난이도 ★★★

다음 숫자들을 이용하여 격자판에 들어갈 84337의 배수가 되는 2개의 수를 완성하시오.

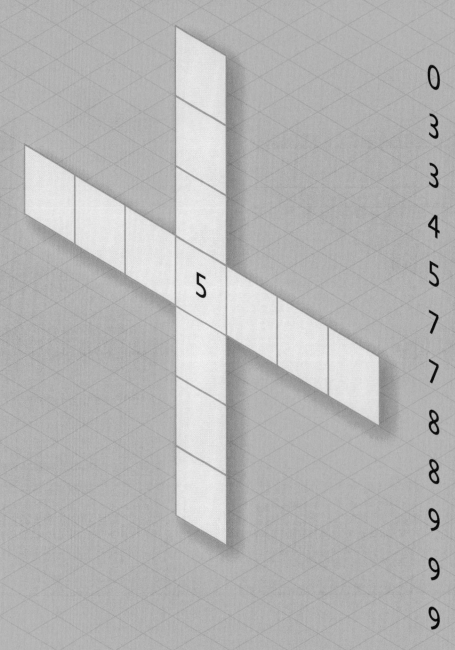

0
3
3
4
5
7
7
8
8
9
9
9

아래의 그림과 가장 유사한 배치는 다음 중 어느 것일까?

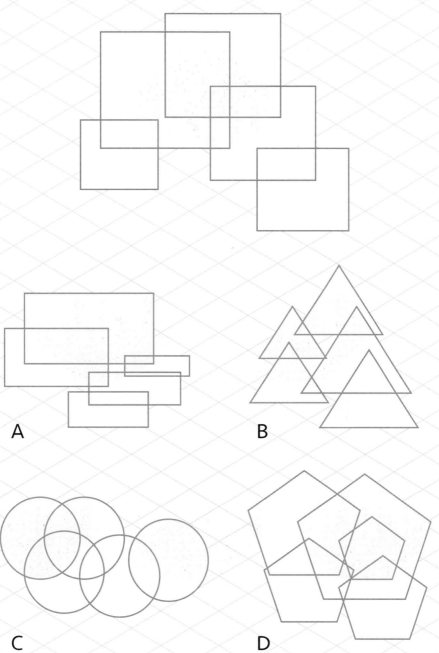

A

B

C

D

아래의 도형과 합쳐서 완벽한 검정색 팔각형을 만들 수 있는 조각은 다음 중 어느 것일까?

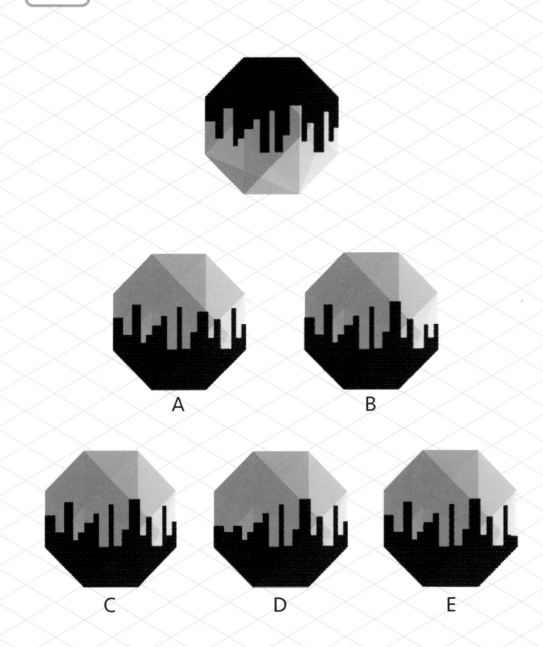

112

난이도 ★★☆

다음 격자판에는 특정 논리에 따라 수들이 적혀 있다. 물음표에 들어갈 알맞은 숫자는 무엇일까?

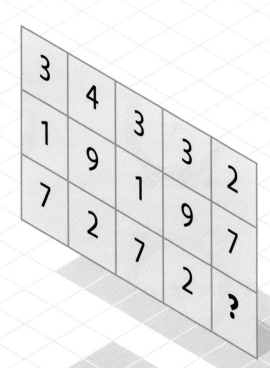

113

난이도 ★★☆

다음 4개의 시계가 일정한 규칙으로 진행한다면, 5번째 시계는 몇 시 몇 분 몇 초일까?

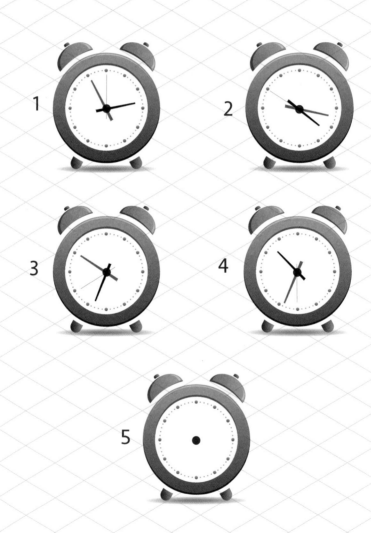

114

난이도 ★ ☆ ☆

그림과 같이 간격이 1인 격자점 16개가 놓여 있다. 세 격자점을 꼭짓점으로 하고, 꼭지각이 격자점 A에 위치한 이등변삼각형은 모두 몇 개일까?

115

난이도 ★★★

다음과 같이 바깥에 위치한 네 개의 원에 있는 기호를 안에 있는 원으로 전송하는 장치가 있다. 만약 기호가 한 번 또는 세 번 나타날 경우에는 반드시 전송되고, 두 번 나타날 경우에는 다른 기호로 전송되며, 네 번 나타날 경우에는 전송되지 않는다. 가운데 원에 전송된 모양은 무엇일까?

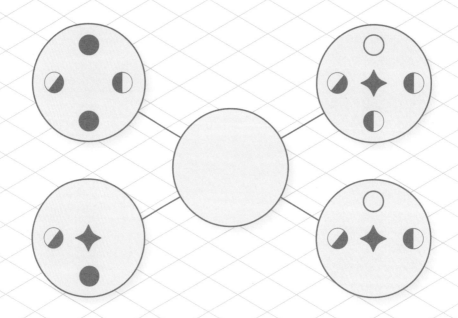

116

난이도 ★★★

다음 다섯 조각 중 네 조각을 이용해 기하학적 도형 모양의 판을 만들 수 있다. 남는 하나는 어느 것일까?

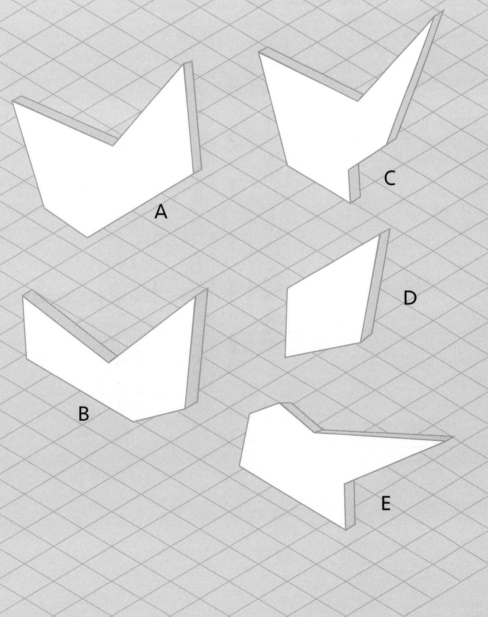

117

난이도 ★★☆

다음 격자판에는 특정 논리에 따라 수들이 적혀 있다. 물음표에 들어갈 알맞은 숫자는 무엇일까?

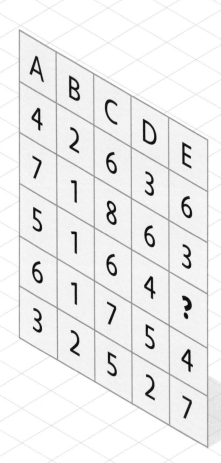

A	B	C	D	E
4	2	6	3	E
7	1	8	3	6
5	1	6	6	3
6	1	7	4	?
3	2	5	5	4
			2	7

118

난이도 ★★★

다음 그림은 특정 순서에 따라 기호를 나열한 것이다. 물음표에 알맞은 기호는 무엇일까?

119

다음 원판에서 물음표에 들어갈 알맞은 숫자는 무엇일까?

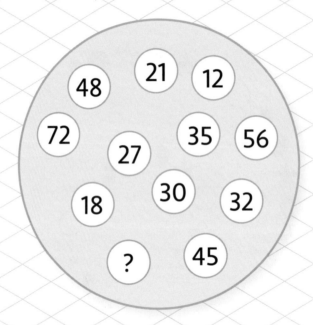

120

난이도 ★★★

다음 목록은 특정 수열의 연속된 항이다. 오른쪽 열의 수는 수열의 순서가 바뀌어 있다. 무슨 수열일까?

1333444	5567777
133345	55778
13444	666677
1345	6677
145	668
16	77

121

난이도 ★★☆

아래의 정수만이 가지는 특징은 무엇일까?

8,549,176,320

다음 보기 중 하나는 아래에 예시한 수의 애너그램이 아니다. 다음 중 어느 것일까?

93426151821685832045

a	12429311460825685538
b	26484235258110396851
c	35911246838860214552
d	08926155228814465132
e	89836550418215132426
f	82563135415849680212
g	35622882145386150941
h	82563293615240158148
I	56065134815221432988

123

난이도 ★★☆

다음 격자판에는 특정 논리에 따라 문자가 적혀 있다. 물음표에 들어갈 알맞은 문자는 무엇일까?

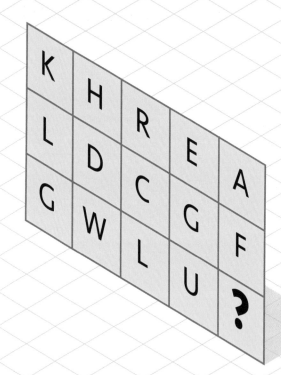

다음 두 원에는 특정 논리에 따라 문자가 적혀 있다. 오른쪽 원에 적힌 문자들 중 맞지 않는 문자는 어느 것일까?

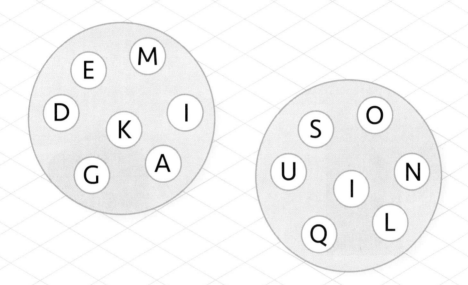

아래의 전개도로 만들 수 없는 정육면체는 다음 중 어느 것일까?

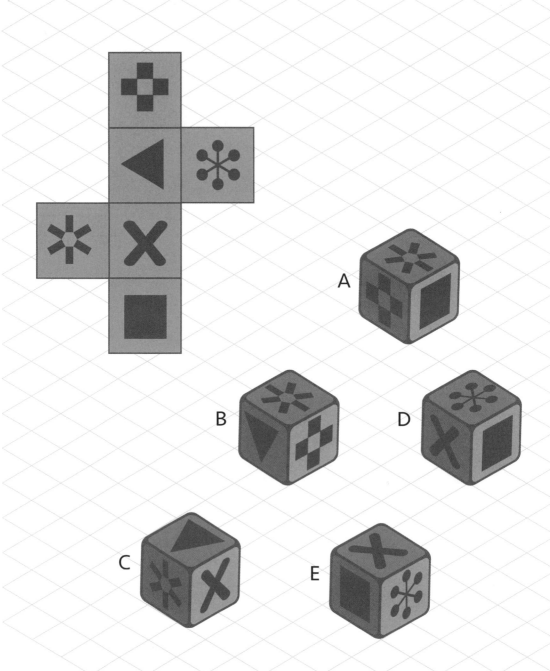

126

난이도 ★★☆☆☆

아래의 타일을 이용하여 5개의 숫자열이 가로줄과 세로줄에 각각 배열되도록 5×5 격자판을 완성하시오. 격자판의 숫자열이 정확히 배열되었다면 가로줄과 세로줄의 다섯 자리 수의 배치는 같다.

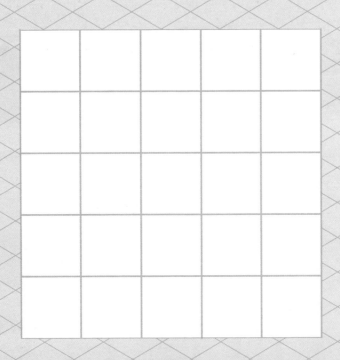

127

난이도 ★★★

다음 격자판에는 어떤 규칙에 따라 색칠되어 있다. 하지만 색칠되어야 할 한 칸이 빠져 있다. 다음 중 어느 칸일까?

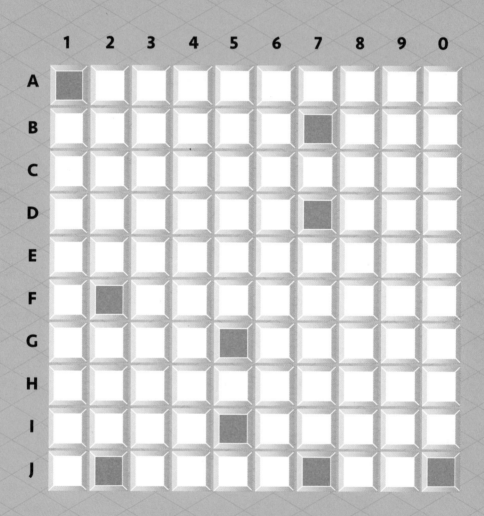

128

난이도 ★★☆

다음 빈 칸을 채워 149를 약수로 가지며, 앞의 세 자리의 수가 차례로 8, 9, 3인 서로 다른 여섯 자리의 수를 6개 만드시오.

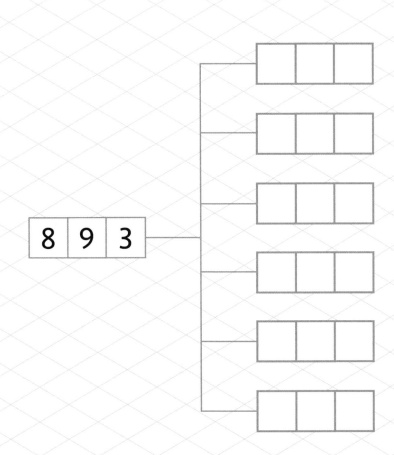

각 문자에는 일정한 값이 있다. 다음 식에서 K의 값은 얼마일까?

$$K + K + N = 42$$

$$L + M + N = 34$$

$$K + M + N = 29$$

$$L + N + L = 52$$

130

난이도 ★★☆

아만다(Amanda)는 타이거(Tigers)를 응원하고, 브리짓(Bridget)은 리노(Rhinos)를, 테일러(Taylor)는 엘크스(Elks)를 응원한다. 애니(Annie)는 누구를 응원할까?

A. The Leopards

B. The Bulldogs

C. The Human Beings

D. The Moose

E. The Antelopes

다음 격자판의 각 도형에는 일정한 값이 있다. 물음표에 들어갈 알맞은 숫자는 무엇일까?

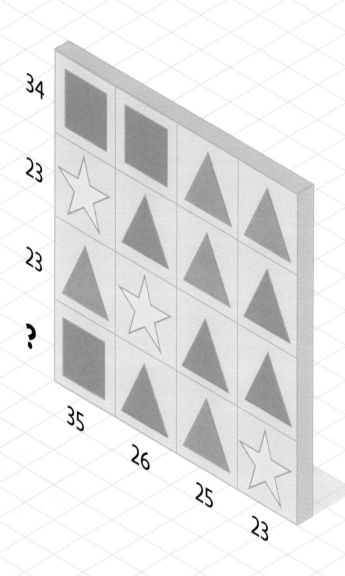

132

난이도 ★★★

다음 그림에는 수학 연산 기호 +, −, ×, ÷가 빠져 있다. 9에서 시작해 시계 방향으로 연산을 수행해 등식이 성립하도록 완성하시오.
(단, 연산의 결과는 바로 반영한다.)

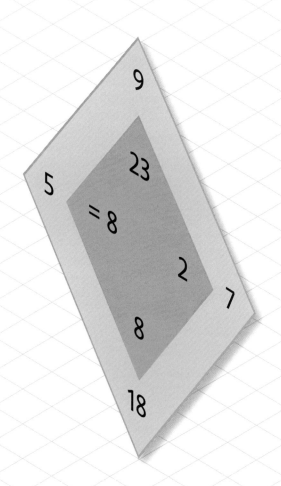

133

난이도 ★★☆

다음 원판에는 일정한 규칙에 따라 숫자가 적혀 있다. 물음표에 들어갈 알맞은 숫자는 무엇일까?

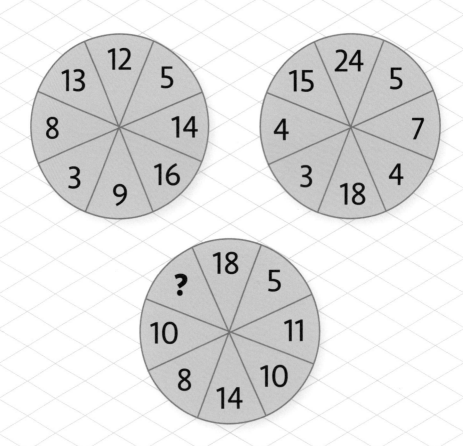

난이도 ★★☆

3×3 격자판의 정사각형 중 하나가 잘못되었다. 다음 중 어느 것일까?

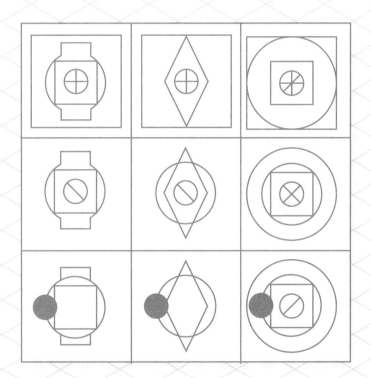

135

난이도 ★★★

E의 오른쪽으로 두 번째 문자의 오른쪽으로 세 번째 문자에서 줄의 가운데 문자 중 가까운 문자의 왼쪽으로 두 번째 문자의 왼쪽으로 두 번째 문자의 오른쪽으로 첫 번째 문자의 오른쪽으로 네 번째 문자의 오른쪽으로 첫 번째 문자는 무엇일까?

A B C D E F G H I J K L

136

난이도 ★★☆

다음 격자판의 숫자 중에 가장 약수가 많은 수에서 가장 큰 메르센 소수를 뺀 값은 얼마일까?

(단, 메르센 소수는 2^n-1 꼴의 소수를 말한다.)

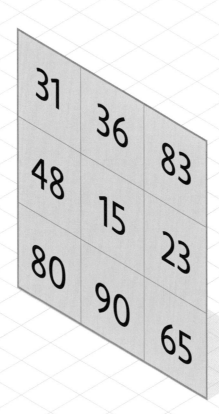

137

난이도 ★★★

개와 고양이로 구성된 애완동물 10마리와 애완동물에게 먹일 비스켓이 56개 있다. 고양이가 5개의 비스켓을 먹는 동안 개는 6개의 비스켓을 먹는다. 애완동물에게 비스켓을 먹이고 남은 비스켓이 하나라면 개와 고양이는 각각 몇 마리일까?

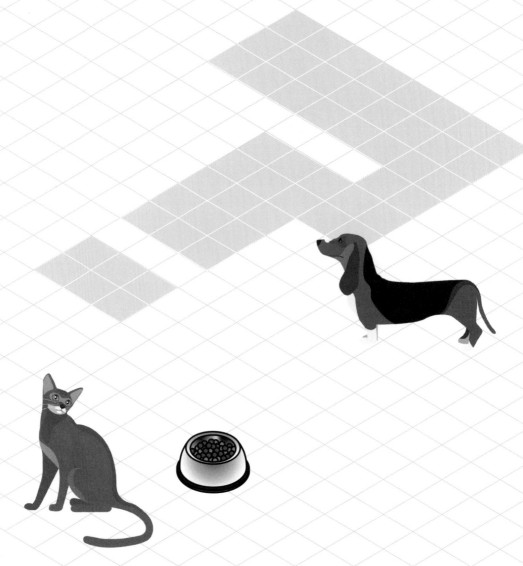

138

난이도 ★★☆

다음 격자판에서 아래에 제시된 36개의 수를 찾아보시오.
(단, 겹치는 숫자도 있다.)

9	7	4	9	5	6	7	0	1	3	6	9	8	1	6
0	7	1	1	2	9	0	0	8	4	6	9	3	2	
9	8	2	1	4	3	7	6	0	9	9	2	7	3	9
6	9	4	5	0	5	5	7	2	0	2	2	7	5	7
0	3	1	9	5	9	8	6	9	4	7	8	9	1	3
4	3	1	6	2	5	3	2	2	1	9	2	4	3	3
6	9	8	0	9	6	9	2	0	4	8	4	2	7	7
6	1	1	8	9	8	4	5	9	0	5	0	0	1	8
9	6	5	1	5	7	8	9	7	1	2	8	3	4	7
0	8	7	3	7	5	0	7	8	4	2	1	6	0	0
8	1	9	3	1	8	2	6	0	7	8	6	6	3	9
9	5	1	5	4	1	4	8	6	8	0	8	0	9	1
6	6	7	1	9	6	6	4	8	5	1	8	9	2	3
3	1	5	1	1	6	9	3	2	3	7	9	2	3	8
5	1	9	3	5	5	2	5	6	0	0	4	6	0	0

270	11513	525600	29122352
277	37926	789462	66406909
422	40392	968959	79420366
1377	68414	2143760	87091380
2048	69809	4660525	112900084
2258	75505	4802469	124118157
4898	180788	5193552	622824081
5962	351371	9853956	749567013
9927	488930	15148099	861933987

139

난이도 ★★★

다음 중 규칙이 다른 하나는 어느 것일까?

A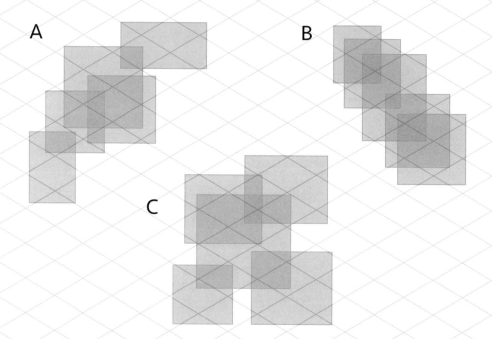

B

C

D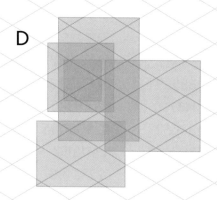

E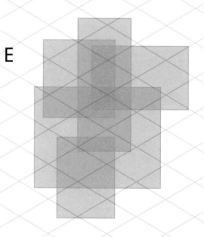

140

난이도 ★★★

맨 윗줄의 수에서 시작해 한 자리 수를 곱하거나 나누는 단계를 세 번 거쳐 제일 아랫줄의 수를 완성하려고 한다. 다음의 비어 있는 세 단계의 수는 무엇일까?

(단, 각 단계의 수는 0과 9999 사이의 수가 되어야 한다.)

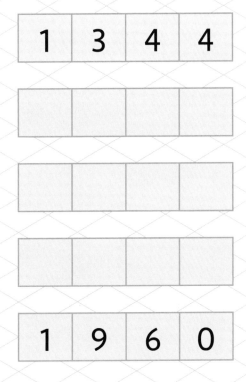

다음 수열에서 물음표에 들어갈 알맞은 숫자는 무엇일까?

1   2   5   10   17   26   ?

142

난이도 ★★★

다음 0에서 9까지의 숫자를 경로에 따라 한 번씩만 사용해 10자리 제곱수를 만들 때, 그 10자리 제곱수는 무엇일까?

(단, 한 번 지나온 경로는 다시 지나지 않는다.)

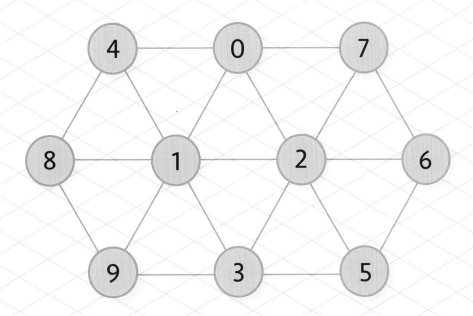

143

난이도 ★★☆

다음 두 쌍의 원에는 특정 논리에 따라 문자가 배열되어 있다. 물음표에 들어갈 알맞은 문자는 무엇일까?

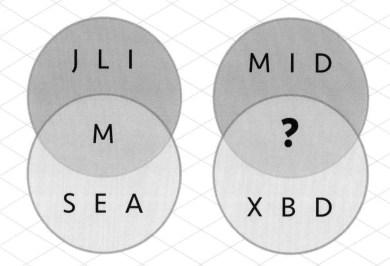

난이도 ★★☆

다음 보기 A~R 중에 같은 로마 숫자가 적힌 면은 어느 것일까?

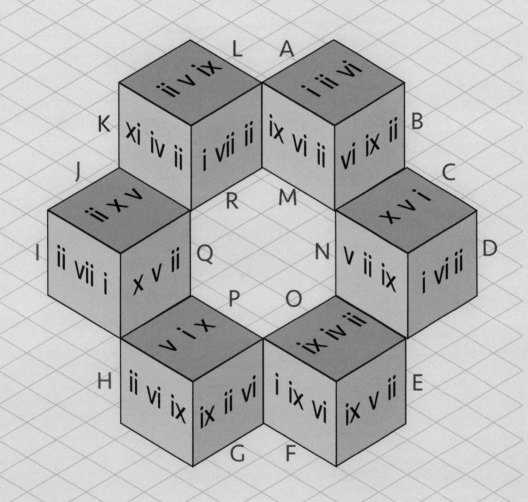

145

난이도 ★★★

다음 7개의 숫자 중에 6개는 논리적 연관성이 있다. 다음 중 논리적 연관성이 없는 숫자 하나는 어느 것일까?

28 14 55 46 82 64 41

146

난이도 ★★★

한 쪽 구석의 어느 한 수에서 시작해 길을 따라 가며 얻은 5개의 수를 모두 더할 때, 만들 수 있는 가장 큰 수는 얼마일까?

(단, 되돌아갈 수 없으며, 시작한 위치의 수를 포함한다.)

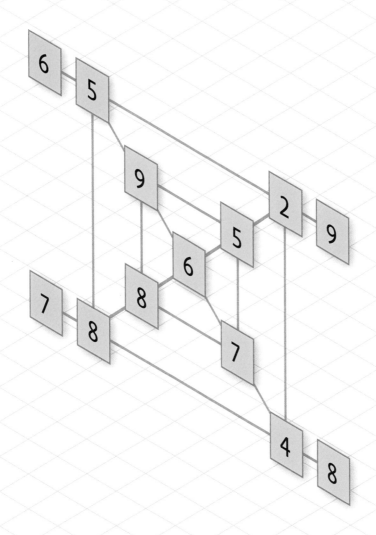

다음 원판에는 특정 논리에 따라 숫자가 적혀 있다. 물음표에 들어갈 알맞은 숫자는 무엇일까?

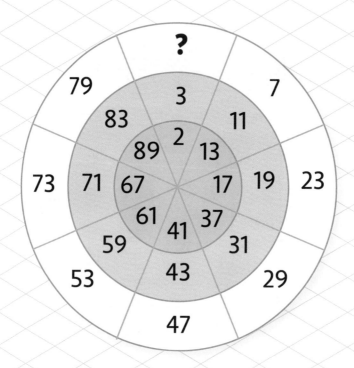

다음 사람의 배열 그림에서 다음에 올 사람의 모습은 어떤 모습일까?

세 칸 떨어진 칸에는 7만큼 큰 수가 적혀 있고, 네 칸 떨어진 칸에는 13만큼 작은 수가 적혀 있으며, 다섯 칸 떨어진 칸에는 3만큼 큰 수가 적혀 있고, 세 칸 떨어진 칸에는 2만큼 작은 수가 적혀 있는 칸은 어느 칸일까?

(단, 모든 거리는 직선이다.)

	A	B	C	D	E	F	G	H	I
1	14	48	96	28	98	74	41	40	92
2	40	84	52	95	17	84	25	29	65
3	85	18	77	20	28	54	81	22	7
4	17	86	9	30	84	67	20	56	80
5	29	55	4	66	32	17	29	60	11
6	33	18	84	25	12	52	78	41	61
7	36	41	12	49	20	70	12	24	98
8	57	27	89	94	25	35	64	22	12
9	75	58	35	61	23	83	39	52	68

다음 12개의 숫자 중에 논리적 연관성이 있는 3개의 숫자를 묶어 4개의 그룹으로 나누어보시오.

44	144	441
121	440	111
421	101	222
100	211	444

151

난이도 ★★★

다음 그림은 특정 논리에 따르고 있다. 물음표에 들어갈 알맞은 숫자는 무엇일까?

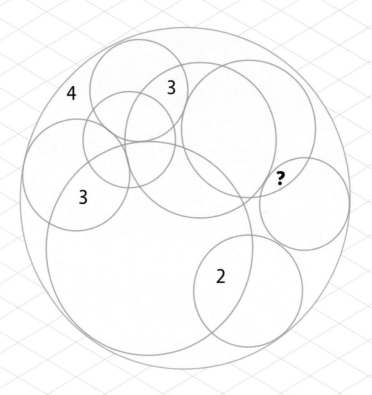

152

난이도 ★★☆

다음 격자판에는 특정 논리에 따라 숫자가 적혀 있다. 물음표에 들어갈 알맞은 숫자는 무엇일까?

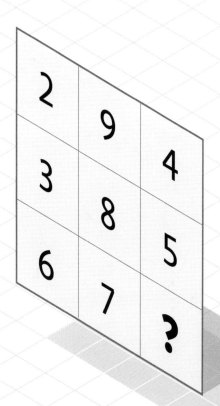

153

난이도 ★★★

다음 원판에는 특정 논리에 따라 문자가 적혀 있다. 물음표에 들어갈 알맞은 문자는 무엇일까?

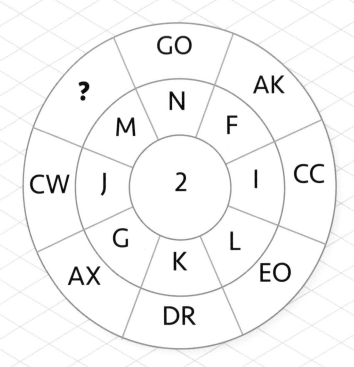

154

난이도 ★★★

다음 격자판에 적혀 있는 숫자와 문자는 특정 논리에 따르고 있다. 물음표에 들어갈 알맞은 숫자는 무엇일까?

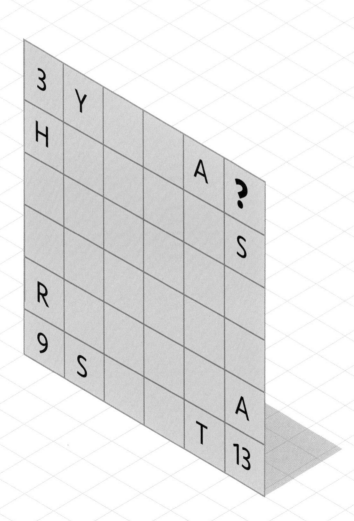

155

다음 그림들은 특정 논리에 따르고 있다. 물음표에 들어갈 알맞은 도형은 무엇일까?

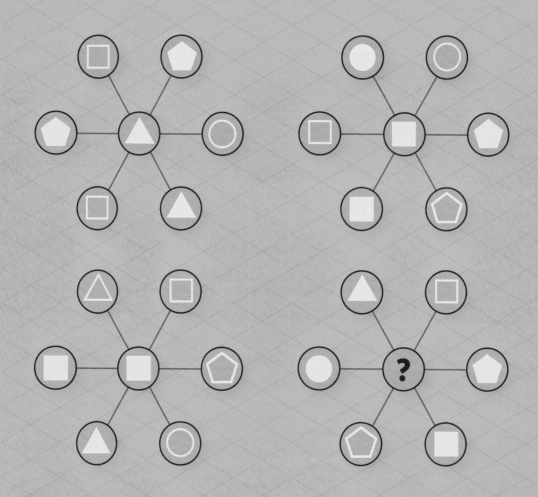

156

다음 두 원판에는 일정한 닮은 점이 있다. 물음표에 들어갈 알맞은 숫자는 무엇일까?

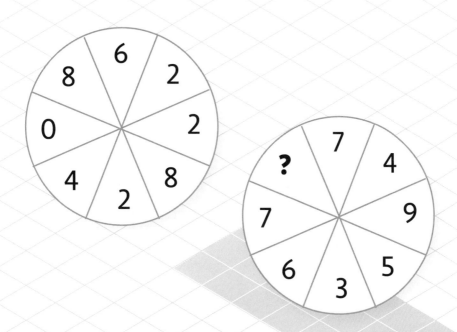

157

난이도 ★★★

다음 원 뭉치에서 원은 모두 몇 개일까?

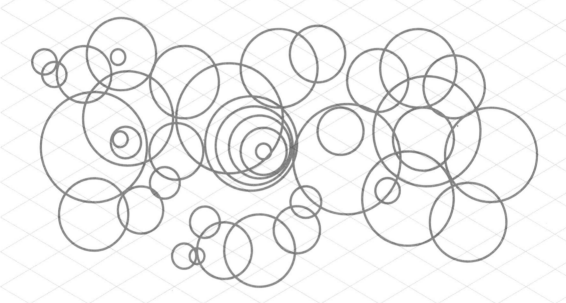

158

난이도 ★★★

다음 격자판에는 4자리 제곱수의 숫자들이 뒤죽박죽 섞여 적혀 있다. 이 숫자들 중에 사용되지 않는 숫자는 어느 것일까?

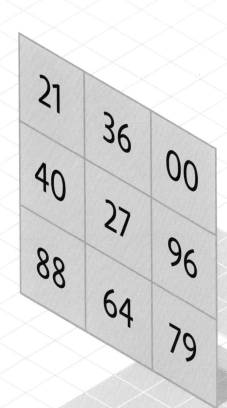

159

난이도 ★☆☆

다음 그림에서 A가 B와 짝이라면, C는 누구와 짝을 이룰까?

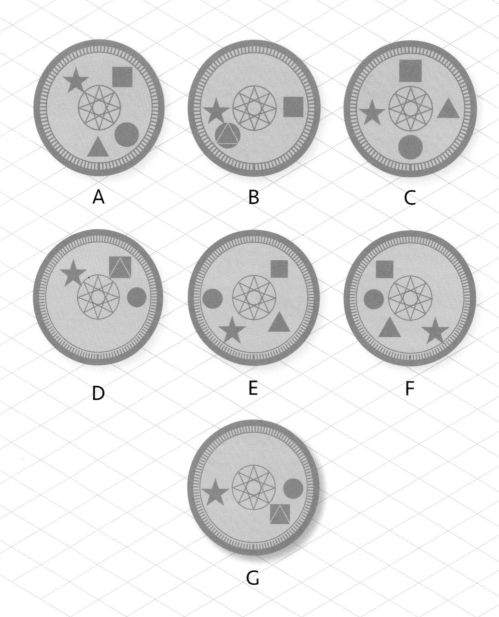

A

B

C

D

E

F

G

160

난이도 ★ ☆ ☆

다음 그림은 특정 논리에 따르고 있다. 맨 위에 있는 삼각형에 들어갈 알맞은 기호는 무엇일까?

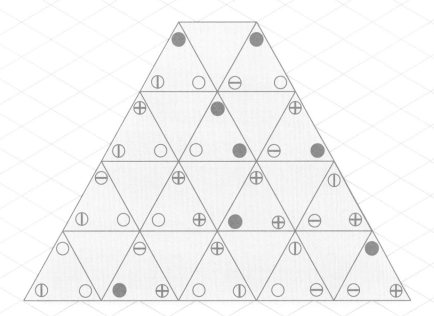

다음 목록은 특정 수열의 연속된 항으로, 그 순서를 바꿔 놓은 것이다. 무슨 수열일까?

999999999989

9973

99999999977

99999989

99991

9999999967

9999999999971

999983

999999937

9999991

난이도 ★★★

다음 다섯 개의 등식을 만족시키는 x의 값은 얼마일까?

1. $3x^2-x=b(ca+2yb)$

2. $\dfrac{4b}{3}=c$

3. $a-x=c-by$

4. $\left(\dfrac{2x}{3}\right)c=2a+2y$

5. $x+y=ay$

163

다음 낱말판에서 'LUMINOUS'를 찾아보시오.

(단, 'LUMINOUS'는 한 번만 쓰여 있으며, 가로줄 또는 세로줄 또는 대각선으로 놓여 있다.)

O	S	N	S	I	O	M	S	S	I	O	N	I	U	I
L	U	S	U	M	U	N	U	S	U	L	U	U	O	N
M	U	N	O	I	S	N	U	M	L	U	S	L	N	S
S	O	I	S	U	O	O	L	U	N	S	L	S	O	I
I	U	U	L	M	U	L	U	M	I	U	L	S	U	N
L	M	S	U	M	N	M	N	U	S	I	S	M	I	O
S	N	U	I	N	I	I	S	I	M	L	O	M	U	S
I	M	I	U	I	U	L	O	U	L	I	L	M	O	N
I	N	O	O	S	U	O	N	I	M	U	L	S	N	N
M	U	O	N	U	L	O	O	U	U	U	O	L	M	U
O	N	U	S	I	U	L	O	M	S	M	S	N	I	L
L	U	M	U	U	I	S	M	L	I	U	N	M	O	L
L	O	U	M	M	I	S	I	U	N	U	S	S	S	I
I	L	N	O	O	I	O	L	O	O	S	L	N	M	O
N	N	L	L	I	L	S	O	O	M	S	U	U	O	I

난이도 ★★★

다음 원판에서 물음표에 들어갈 알맞은 숫자는 무엇일까?

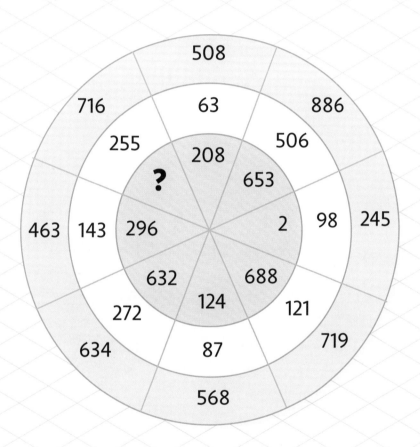

다음 삼각형 안의 문자들 중 일정한 규칙에 맞지 않는 문자는 어느 것일까?

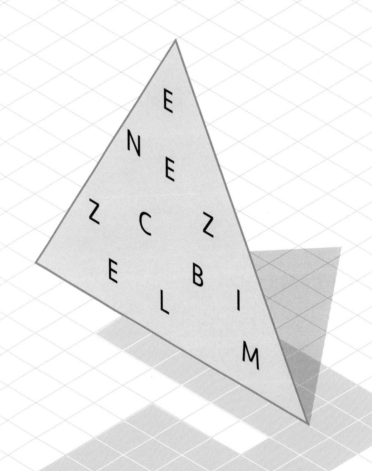

다음 그림은 특정 논리에 따라 숫자가 배열되어 있다. 물음표에 들어갈 알맞은 숫자는 무엇일까?

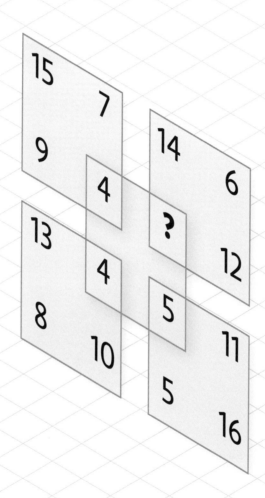

왼쪽에 있는 수들의 약수가 되는 세 자리 수는 무엇일까?

33535

313111

73777

29299

3883

168

다섯 명의 남자와 일곱 명의 여자 중에 다섯 명을 뽑아 위원회를 구성하려고
한다. 위원회에는 최소 여자 두 명, 남자 한 명이 포함되어야 한다. 위원회를
구성하는 방법은 모두 몇 가지일까?

난이도 ★

다음 그림에서 미로의 길을 찾아보시오.

입구

출구

다음 격자판은 특정 패턴에 따르고 있다. 격자판의 빈 부분을 채워보시오.

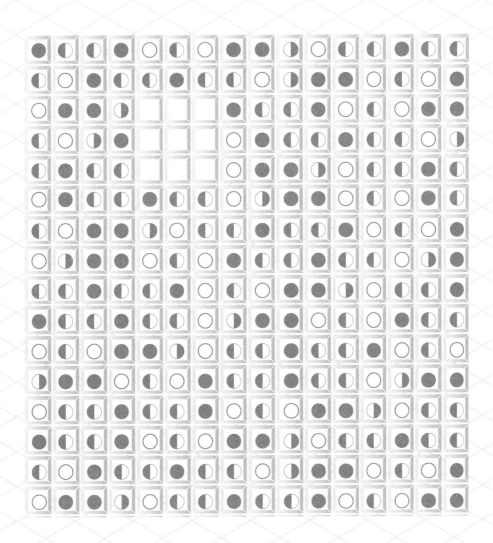

멘사 수학
퍼즐 테스트

해답

01 ②

이름의 네 번째 문자로 시작되는 지형을 좋아한다.

02 63

■ : 12, ▲ : 17, ☆ : 3이고 각 가로줄 또는 세로줄의 합이 적혀 있다.
17+12+17+17=63

03 022, 185, 348, 511, 674, 837

652=163×4이므로 652000에서 163을 빼면서 조건에 맞는 수를 찾는다.

04 ②

다른 네 개의 국립공원은 전라도에 있다.

05 진실한 사람 1명, 거짓말쟁이 99명

06 A6

07

6	8	3	5	2
8	0	1	5	1
3	1	7	6	9
5	5	6	4	8
2	1	9	8	2

08 3번째 줄 가운데 정사각형

가운데 ⊗가 아니라 ⊕이어야 한다.

09

10 17

파란색(■): 6, 노란색(□): 3, 초록색(■): 2
6+6+3+2=17

11 651

21×31=651

12 프랑크푸르트

유럽에 있는 나라의 수도인 도시와 그렇지 않은 도시가 교대로 작성되어 있다. 독일의 수도는 프랑크푸르트가 아니기에 베를린으로 바꾸어야 한다.

13 2행 3열의 2L이 적힌 사각형

14 W

두 문자 스킵, 다음에는 한 문자 스킵, 그 다음에는 인접한 문자를 알파벳 순서대로 나열한다.

15 1537264809

16 12

L=13, M=17, N=11

17 1

직사각형이 겹치는 수이다.

18

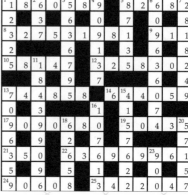

19

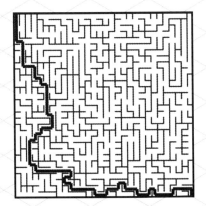

20 0

21 4

H=8, D=4, 8−4=4
R(18)−L(12)=6, K(11)−G(7)=4, V(22)−M(13)=9

22 Z

Outer=Middle+Centre

23 6일 후

72도 돌아가서 일직선으로 위치한다.

24

27	21	22	18	33
19	29	28	22	23
23	24	20	30	24
31	25	19	25	21
21	22	32	26	20

25 g

26 5

원판의 수의 합이 350이다.

27 D

두 직사각형이 한 꼭지점씩 포개어져 있고, 직사
각형과 원이 한 꼭지점 포개어져 있다.

28 W

mathematics(수학)

29 주황색 사각형

30 E A E
A E C
D E A

왼쪽 위쪽에서 시작해 오른쪽으로 이동, 끝쪽에
도달하면 다시 다음 줄 왼쪽에서 오른쪽으로 이
동 반복하며, 'DEAEDCAECDA'가 반복된다.

31 D

선분으로 이루어진 도형이 아니다.

32 1154

33

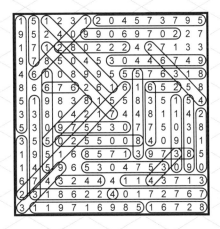

34 H

문자 간격이 1씩 증가하고 있다.

35　58개

□ : 23개　▭ : 8개　▯ : 7개

▭▭▭ : 1개　▯▯ : 2개

▭ : 3개　▭ : 3개

▯ : 1개

▭ : 2개　▭ : 1개

▭ : 1개　▭ : 1개

▭ : 1개　▯ : 1개

▭ : 1개

▭ : 1개

▭ : 1개

모두 58개이다.

36　F

37　D

38　3059056, 3719534

39　원 5개 또는 세모 6개 또는 네모 15개

처음 저울에서 원 모양 추 1개와 네모 모양 추 3개의 무게가 같다.

두 번째 저울에서 원 모양 추 2개를 네모 모양 추 6개로 바꾸면 세모 모양 추 2개의 무게와 네모 모양 추 5개와 무게가 같음을 알 수 있다.

세 번째 저울에서 한 쪽에 원 모양 추 5개가 있으므로 균형을 맞추려면 다른 쪽에 원 모양 추 5개 또는 세모 모양 추 6개 또는 네모 모양 추 15개를 올리면 된다.

40

41　7

(5칸×5)+(7칸×5)=(4칸×7)+(8칸×4)

42　E

43 $5^8 \sim 5^{17}$

44 761

45 6

각각의 부채꼴 조각에 적힌 세 수의 합이 21이다.

46 **792가지**

12명 중에 7명의 위원 자리에 앉히는 방법의 수는 다음과 같다.

$12 \times 11 \times 10 \times 9 \times 8 \times 7 \times 6$

그런데 위원의 자리가 구별되지 않으므로 이 수를 7명을 일렬로 나열한 수 ($7 \times 6 \times 5 \times 4 \times 3 \times 2 \times 1$)로 나누어 주면 구하는 수는 792임을 알 수 있다. 참고로 n명을 일렬로 나열하는 방법의 수를 n의 계승이라 하고, n!로 나타낸다. 또 서로 다른 n명에서 서로 다른 k명을 뽑는 방법의 수를 조합의 수라 하고, 기호로 다음과 같이 나타낸다.

$_n C_k$ 또는 $\binom{n}{k}$

그리고 다음과 같이 계산한다.

$$\binom{n}{k} = \frac{n!}{(n-k)!\,k!}$$

12명 중 7명의 위원을 뽑는 조합의 수를 구하는 것이므로 다음과 같다.

$$\binom{12}{7} = \frac{12!}{5!\,7!} = \frac{12 \times 11 \times 10 \times 9 \times 8}{5 \times 4 \times 3 \times 2 \times 1} = 11 \times 9 \times 8 = 792$$

47 42

9+9+9+7+8=42

48 H

49 **손 2개 발 2개인 모양**

50 P

알파벳 A~Z에 1~26의 수를 대입한 다음, 위쪽 원에 있는 두 수의 합과 아래쪽 원에 있는 두 수의 차에 해당하는 문자를 공통 부분에 적는다.

51 A

52 13

0, 1로 시작하여 앞의 두 항의 합이 다음 항에 나열된다. 피보나치 수열

53

지뢰가 있는 칸은 ●를 채우고, 지뢰가 없는 칸은 ○를 채운다.

제일 윗줄 2번째 칸에 지뢰가 없다면 2번째 줄 1번째 칸에 지뢰가 있어야 하므로 색칠된 칸 주변에 지뢰가 있는 칸의 최댓값이 1이므로 모순이 된다.

따라서 1번째 줄 2번째 칸에는 지뢰가 있어야 한다. 이와 같은 논리로 다음과 같이 지뢰가 있는 칸을 모두 찾을 수 있다.

1	●	●	2	●	1	○	1	●	1
○	2	○	○	3	○	○	○	2	2
○	1	○	●	○	●	2	2	3	●
○	●	2	○	2	○	○	●	●	2
2	2	1	0	○	○	2	○	○	○
●	○	○	○	○	●	2	1	●	●
○	2	●	1	●	●	2	○	3	○
●	○	○	1	○	2	○	1	2	●
●	3	2	○	○	●	2	2	●	3
2	●	○	●	2	1	○	●	○	●

54 4

y=2, a=1, b=3, c=5

55 10128233, 27140447, 52839749

10128233 (=6703×1511)

27140447 (=6703×4049)

52839749 (=6703×7883)

56 16파운드 상자 2개, 17파운드 상자 4개

57 삼각수

N이 삼각수이면 어떤 자연수 K에 대하여 N=1+2+⋯+K이므로 $N=\frac{1}{2}k(k+1)$ 꼴로 표현된다.

$333336=\frac{1}{2}×816×817$, $500500=\frac{1}{2}×1000×1001$,

$10011=\frac{1}{2}×141×142$, $66066=\frac{1}{2}×363×364$,

$198765=\frac{1}{2}×630×631$로 모두 삼각수임을 알 수 있다.

58 노란색 삼각형

가운데 도형은 바깥쪽 6개 도형 중 하나이고, 첫 번째 그림에서는 오른쪽 아래, 두 번째 그림에서

는 왼쪽 아래, 세 번째 그림에서는 왼쪽이므로 네 번째 그림에서는 시계 방향으로 60도 회전하여 왼쪽 위에 있는 도형이 가운데 위치한다.

59

H	S	S	P	S	I	S	H	H	S	I	I	A	S	S
S	S	D	D	H	I	I	A	D	P	A	A	D	S	D
A	I	I	A	P	D	H	S	D	A	I	A	A	P	I
I	A	H	P	H	A	I	A	A	A	P	D	P	P	D
P	D	P	H	H	I	H	D	S	D	D	H	D	I	A
A	P	A	S	P	I	S	I	D	P	P	D	D	A	I
I	P	A	I	D	I	I	A	H	I	A	I	S	I	I
P	I	I	I	I	A	P	D	P	I	S	H	H	P	S
H	A	A	P	D	A	H	I	A	A	A	P	I	H	P
H	D	A	S	I	I	D	D	A	I	A	P	S	P	A
S	A	S	S	D	A	A	S	I	S	S	S	I	H	H
D	A	I	P	P	S	H	I	I	S	H	S	D	S	P
S	D	S	D	A	I	D	I	P	D	A	S	I	D	S
I	A	S	A	I	I	A	A	S	I	A	I	H	P	D
I	P	A	S	D	P	I	D	S	S	S	P	D	I	H

60 33

C=3, 7, L=12, 18, Y=25이고 C에서 시작하여 시계 방향으로 증가하는 양이 1씩 증가하므로 물음표는 25+8=33이다.

61 0

첫째 줄의 수에서 세 번째 줄에 적힌 수를 뺀 수가 가운데 줄에 적혀 있다. 6−6=0

62 8

6×4÷3=8

63 19

바깥쪽 사각형에서 가로줄에 적힌 두 수의 합에서 나머지 수를 뺀 값이 가운데 사각형의 대각선 방향으로 반대 방향에 적혀 있다.

17+3−5=15

5+16−13=8

14+4−17=1

6+?−12=13에서 ?=19

64 152843769, 412739856,
653927184, 735982641,
326597184

152843769 ($=12363^2$)
412739856 ($=20316^2$)
653927184 ($=25572^2$)
735982641 ($=27129^2$)
326597184 ($=18072^2$)

65 $8+4-3\times2-7+5-9=7$

66 6

E는 A+B의 일의 자리의 수이다.

67 ●

●◐●○●○◑✪✪●○✪★을 반복하여 적
는데, 반복할 때마다 앞의 두 개를 생략한다.

68 35

나머지 수는 모두 소수이다.

69 Y

왼쪽 원의 문자들은 좌우 대칭 문자들이다.

70 4

743-489 = 254

71 소수

72 11시 25분

시침은 2시간씩 뒤로 가고, 분침은 15분씩 앞으로
간다.

73 A

나머지 네 개의 조각을 이용해 직사각형을 만들
수 있다.

74 B

A~Z에 1~26의 숫자를 대응시킨 다음, 제1열의
수에서 제2열의 수를 뺀 값에 해당하는 문자를
제3열에 적는다.

75 1827049536

$42744^2=1827049536$

76

$1-1 = 0$

77 B

A~Z에 1~26의 숫자를 대응시킨 다음, 제1행의
수에서 제2행의 수를 뺀 값에 해당하는 문자를
제3행에 적는다.

78 3

원판 B에 적힌 숫자는 원판 A에 적힌 수의 2배이
고, 원판 C에 적힌 숫자는 원판 B에 적힌 수의 2
배이거나 절반이다.

79 $(23+8-1)\div10\times5=(8\times2)-1$

80 I, N

4와 5가 적혀 있다.

81 **25**

둘씩 합해서 50인 짝이 있다.

82 **D**

A~Z에 1~26의 숫자를 대응시킨 다음, 왼쪽 도미노의 2배에 해당하는 문자를 적는다.

83 **7168, 1792, 5376**

1024×7=7168, 7168÷4=1792, 1792×3=5376, 5376÷2=2688

84 **30**

크기가 작은 것부터 색칠해가며 하나씩 세어본다.

85 **바깥 쪽부터 576, 571, 25**

바깥쪽 원의 수들은 784를 기준으로 할 때, 784, 729, 676, 625, ?, 529, 484, 441로 항과 항 사이의 차가 2만큼씩 더 줄어든다. 따라서 바깥쪽 원의 물음표에 알맞은 숫자는 576이다.(625-49=576)

바깥쪽에서 두 번째 원의 수는 바깥쪽 원의 수보다 작은 소수 중 가장 큰 수로 571이다.

마지막으로 가장 안쪽 원의 물음표의 수는 두 바깥쪽 수의 차의 배로, 항과 항 사이의 배가 한 배수씩 늘어 5배가 된다.(5×(576-571)=25)

86 **A5**

1~100 중 소수에 해당하는 칸에 색칠되어 있다.

87 **피보나치 수열**

피보나치 수열 24항부터 33항까지

88

1+2+3=6

89 **1행 6열의 6D가 적힌 사각형**

90 **N**

주기율표의 원소 10개(H, He, Li, Be, B, C, N, O, F, Ne)의 앞 글자가 적혀 있다.

91

22	33	16	35	9
34	9	21	31	20
30	18	38	8	21
12	20	30	17	36
17	35	10	24	29

92 **5**

L(12)+F(6)=R(18), ?+4=9

93 **제곱수**

목록에는 24~51까지의 숫자가 적혀 있고, 그 중에 빠진 숫자는 25, 36, 49이다.

94 **3187**

3187×17, 3187×54, 3187×2, 3187×26, 3187×82, 3187×23

95 **14**

파란색(■): 4, 초록색(■): 1, 노란색(□): 5
5+4+4+1=14

96

동전을 두 번 던져서 앞면–뒷면 나오는 경우에 한 쪽, 뒷면–앞면 나오는 경우에 다른 쪽의 결정을 하면 된다. 앞면이 두 번 나오거나 뒷면이 두 번 나오는 경우는 다시 두 번 던진다.

동전의 앞면, 뒷면 나오는 확률이 다르더라도 두 번 던져서 앞면–뒷면 나오는 경우와 뒷면–앞면 나오는 경우의 확률은 같음을 이용하면 된다.

97

8	9	2	3	9	5	8	3	■	■	■	3	■
0	■	6	■	7	■	3	0	1	■	7	■	
2	5	6	■	4	■	2	■	■	3	4	2	
1	■	4	■	1	2	7	7	1	4	9	■	3
■	4	8	3	■	4	■	6	■	■	1	8	3
■	■	7	■	2	■	9	■	8	■	3	■	5
5	■	8	4	3	3	2	3	4	8	■	7	
9	■	■	2	■	9	■	5	■	4	■	1	
8	6	0	3	5	2	4	1	7	■	9	7	2
■	1	■	7	■	1	■	■	5	8	4	■	8
5	9	6	6	8	2	9	4	6	■	4	0	9
3	■	6	■	7	■	3	■	2				
4	2	0	■	6	4	3	3					

98 638012503140

99 $10\frac{2}{7}$일 후

빨리 도는 달은 $51\frac{3}{7}$도 회전하고, 천천히 도는 달은 $231\frac{3}{7}$도 회전한다.

100 W

문자는 알파벳 A~Z에 1~26을 대응시킨다.
?=(2×R)+B−O=23
　=(2×18)+2−15=23

101 627953481, 847159236, 923187456, 215384976, 537219684

627953481 (=25059²)
847159236 (=29106²)
923187456 (=30384²)
215384976 (=14676²)
537219684 (=23178²)

102

뒷장의 사각형의 색을 반전시킨 후 시계 반대 방향으로 한 칸씩 이동한다.

103 0

삼각형, 사각형, 육각형, 원의 질량을 각각 a, b, c, d로 두고 식을 세워 보면 다음과 같다.
2a+2b+c=3d
2c+2d=2a+4b
2b+c=a
a=2b+c를 두 번째 식에 대입하면 2c+2d=4b+2c+4b이므로 2d=8b
즉 원 모양 추 1개의 질량과 사각형 모양 추 4개의 질량은 같다.
2a+c=a이므로 첫 번째 식에 대입하면 2a+a=3d이므로 3a=3d
즉 삼각형 모양 추 1개의 질량과 원 모양 추 1개의 질량은 같다.
a=4b를 세 번째 식에 대입하면 2b+c=4b이므로 c=2b
즉 육각형 모양 추 1개의 질량과 사각형 모양 추 2개의 질량은 같다.
네 번째 저울의 왼쪽 접시에는 원 모양 1개와 삼각형 모양 1개의 추가 있으므로 사각형 모양 추 8개의 질량과 같고, 오른쪽 접시에는 육각형 모양 3개와 사각형 모양 2개의 추가 있으므로 사각형 8개의 질량과 같다. 따라서 균형을 맞추기 위해 더 이상의 사각형 추는 필요 없기에 필요한 사각형 모양의 추의 개수는 0이다.

104

1	●		●	2		●	4	●		●	
	3	3	3	●	3	3	●	●	4	2	2
●		●			●	2				●	
●	●		3	3		2		1			
2			●	●				●		2	●
0			2	2		0	2	●	●		2
			1	1				2	3		●
1	●		●				0	0		●	●
2	3			1						3	
●	3	●	●	2			1	1	2	●	2
	●		3	3	●		●	●	4	●	2
●	2	0		●	2	1			●	2	

지뢰가 있는 칸은 ●를 채우고, 지뢰가 없는 칸은 ○를 채운다. 다음과 같이 지뢰가 있는 칸을 모두 찾을 수 있다. (53번 해설 참조)

1	●	○	●	2	○	●	4	●	○	●	○
○	3	3	3	●	3	3	●	●	4	2	2
●	○	●	○	●	●	2	○	○	○	●	○
●	●	○	3	3	○	2	○	1	○	○	○
2	○	○	●	●	○	○	○	●	○	2	●
0	○	○	2	2	○	0	2	●	●	○	2
○	○	○	1	1	○	○	○	2	3	○	●
1	●	○	●	○	○	○	0	0	○	●	●
2	3	○	○	1	○	○	○	○	○	3	○
●	3	●	●	2	○	○	1	1	2	●	2
○	●	○	3	3	●	○	●	●	4	●	2
●	2	0	○	●	2	1	○	○	●	2	○

105

1

1. 9761272=523×18664
2. 3913086=523×7482
3. 1868679=523×3573
4. 2504124=523×4788
5. 8013929=523×15323

106

$$((13+5) \times 6+4) \div 16 = (6^2-8) \div 4$$

107

5

2+3, 7은 버린다.

108

12.6

(3칸×18)+(9칸×8)=(5칸×12.6)+(7칸+9)

109

4975883, 7505993

4975883=84337×59
7505993=84337×89

110

B

크기가 다른 닮은 도형 5개가 어느 하나가 다른 것에 완전히 포개지지 않게 배치되어 있는 것을 찾는다.

111

C

112

6

34332+(19197×2)=72726

113

3:29:20

시간은 처음에는 1시간 22분, 두 번째는 2시간 33분, 세 번째는 3시간 44분 앞으로 진행되었으므로 마지막에는 4시간 55분 앞으로 진행한다. 초침은 매 단계마다 10초씩 뒤로 진행하므로 다섯 번째 시계의 시각은 3:29:20

114

6개

A를 중심으로 하는 동심원을 그리면, 6개의 원 위에 격자점이 2개씩 놓인다. 따라서 A에 꼭지각이 위치한 이등변삼각형은 6개이다.

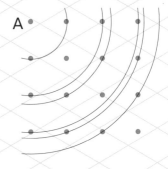

115

116 D

117 5

AB-C=DE, 즉 51-6=45이다.

118 ◖

●◖★〜✿〜★◖을 반복하여 적는다.

119 20

어떤 수(4, 6, 7, 9)의 3배, 5배, 8배인 수들이 모여 있다.

120 뒤집어서 더하고 다시 정렬하는 수열

1
1+1=2
2+2=4
4+4=8
8+8=16
16+61=77
77+77=154 ⇨ 145
145+541=686 ⇨ 668
668+866=1534 ⇨ 1345
1345+5431=6776 ⇨ 6677
6677+7766=14443 ⇨ 13444
...
이 수열의 5항부터 16항까지의 목록이다.

121 0〜9까지 한 번씩 사용한 10자리 수이고, zero, one, two, three, four, five, six, seven, eight, nine을 알

파벳 순서대로 배열한 수이다.

122 d

123 L

A〜Z에 1〜26을 대응시키고, 앞 열의 1행과 2행의 수를 합하여 다음 열의 3행에 적는다. E+G=12이므로 12에 해당하는 문자 L이 물음표에 알맞은 문자이다.

124 N

N이 아니라 M이 있어야 한다. A〜Z에 1〜26을 대응시켰을 때, 두 번째 원에 적힌 문자는 첫 번째 원에 적힌 문자보다 8씩 차이가 있는 수에 대응되는 문자가 적혀 있다.

125 B

126

8	4	2	7	6
4	3	1	1	9
2	1	2	5	0
7	1	5	9	1
6	9	0	1	8

127 H6

A1〜j0에 100〜1의 수를 적을 때 그 중 제곱수에 해당하는 칸에 색칠되어 있다.

128 106, 255, 404, 553, 702, 851

129 0

L=5, M=-13, N=42

130 E

각자는 다음 사람 이름의 마지막 문자로 시작
되는 팀을 응원한다. Annie는 Amanda의 마
지막 문자 a로 시작되는 팀을 응원한다.

131 **29**

(10+4+7+8)=29

132 **9×7-18÷5+23×2÷8=8**

133 **4**

각각의 원판에 적힌 수의 합은 80이다.

134 **2번째 줄 왼쪽 정사각형**

3번째 줄과 2번째 줄을 비교하면 3번째 줄의
색칠된 원이 사라지고, 2번째 줄에 있는 작은
원 안에 ＼를 추가한다. 2번째 줄과 1번째 줄
을 비교하면 2번째 줄의 중간 크기의 원이 사
라지고 1번째 줄에 있는 작은 원의 ＼를 ＋로
바꾼다.
따라서 2번째 줄의 왼쪽 정사각형 모양은 다
음과 같아야 한다.

135 **I**

136 **59**

(90-31)= 59

137 **각각 5마리**

138

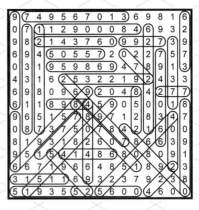

139 **D**

직사각형이 다른 직사각형 내부에 포함되지
않는다.

140 **9408, 3136, 392**

1344×7=9408, 9408÷3=3136,
3136÷8=392, 392×5=1960

141 **37**

항 사이의 차가 1, 3, 5, 7, … 이다. 26 다음 항
은 26+11=37

142 **9814072356**

$9814072356 = 99066^2$

143 **R**

알파벳 A~Z에 1~26의 수를 대입한 다음, 위
쪽 원에 있는 세 수 중 앞의 두 수의 합에서
마지막 수를 뺀 값과 아래쪽 원에 있는 세 수
중 처음 수에서 나머지 두 수를 뺀 값에 해당
하는 문자가 공통 부분에 적혀 있다. (M+I-
D=18=X-B-D)

144 **E, L, N**

2, 5, 9가 적혀 있다.

145 55

나머지 수는 십의 자리 수와 일의 자리 수가 바뀐 짝이 있다.

146 38

38=(7+8+8+9+6)

147 5

소수가 나열되어 있다.

148 오른쪽 다리가 없는 모양

149 F3

150 제곱수: 121, 144, 441

소수: 101, 211, 421

888의 약수: 111, 222, 444

행복수(happy number): 44, 100, 440

행복수란 자리수의 제곱의 합을 계속 했을 때 1이 나오는 수이다.

$44 \longrightarrow 4^2 + 4^2 = 32 \longrightarrow 3^2 + 2^2 = 13$
$\longrightarrow 1^2 + 3^2 = 10 \longrightarrow 1^2 + 0^2 = 1$

151 2

영역을 둘러싸고 있는 원호의 개수가 적혀 있다.

152 9

294+385=679

153 FN

A∼Z에 1∼26을 대응시키고 가운데 띠에 적

힌 수의 제곱에 1을 더한 값을 26진법으로 표현하여 바깥쪽 띠에 적는다.

$M^2 + 1 = 170 = 6 \times 26 + 14$ 이므로 물음표에 알맞은 문자는 FN이다.

154 4

A∼Z에 1∼26을 대응시키고, 왼쪽 위에서 시계 반대 방향으로 돌아가면서 'christmas day'에 해당하는 문자 또는 수를 적는다.

155 노란색 삼각형

가운데 도형은 바깥쪽의 6개 중 하나이고, 첫 번째 그림에서는 오른쪽 아래, 두 번째 그림에서는 왼쪽 아래, 세 번째 그림에서는 왼쪽이므로 네 번째 그림에서는 시계 방향으로 60도 회전하여 왼쪽 위에 있는 도형이 가운데 위치하게 된다.

156 5

6228−2408 = 3820 = 7495−3675

157 40개

크기가 작은 것부터 색칠해가며 하나씩 세어 본다.

158 27

4096, 6400, 7921, 8836

159 E

160

161 n자리 소수 중 가장 큰 수 (n=4~13)

162 6

y=1, a=7, b=3, c=4

163

```
O S N S I O M S S I O N I U I
L U S U M U N U S U L U U O N
M U N O I S N U M L U S L N S
S O I S U O O L U N S L S O I
I U U L M U L U M I U L S U N
L M S U M N M N U S I S M I O
S N U I N I I S I M L O M U S
I M I U I U L O U L I L M O N
I N O O (S U O N I M U L) S N N
M U O N U L O O U U U O L M U
O N U S I U L O M S M S N I L
L U M U U I S M L I U N M O L
L O U M M I S I U N U S S S I
I L N O O I O L O O S L N M O
N N L L I L S O O M S U U O I
```

164 491

가운데 연두색 원을 시계 반대 방향으로 45도 회전하고, 바깥쪽 파란색 테두리를 시계 방향으로 45도 회전하면 가운데 연두색 원에 적힌 수와 노란색 테두리에 적힌 수의 합이 파란색 테두리에 적힌 수와 같다.
?+143=634에서 물음표는 634−143=491

165 L

다른 문자는 선대칭이거나 점대칭이다.

166 5

바깥쪽 사각형에서 세 수를 합한 값의 자리수를 모두 더한 값을 가운데 사각형과 포개어진 부분에 적는다. 14+6+12=32 → 3+2=5 → ?=5

167 353

168 735가지

남자 5명, 여자 7명 총 12명 중 5명을 뽑는 조합의 수는 다음과 같다.

$$\binom{5}{12} = \frac{12!}{7!5!} = \frac{12 \cdot 11 \cdot 10 \cdot 9 \cdot 8}{5 \cdot 4 \cdot 3 \cdot 2 \cdot 1} = 792$$

위의 조합에서 다음 조합의 수를 빼 주면 된다.
① 남자 5명, 여자 0명 뽑는 경우의 수
$$\binom{5}{5} \times \binom{7}{0} = 1 \times 1 = 1$$
② 남자 4명, 여자 1명 뽑는 경우의 수
$$\binom{5}{4} \times \binom{7}{1} = 5 \times 7 = 35$$
③ 남자 0명, 여자 5명 뽑는 경우의 수
$$\binom{5}{0} \times \binom{7}{5} = 1 \times \frac{7!}{2!5!} = \frac{7 \times 6}{2 \times 1} = 21$$
따라서 구하는 경우의 수는 792−(1+35+21) =735

169

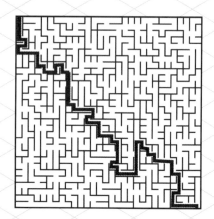

170

왼쪽 위쪽에서 시작해 오른쪽 끝에 도달하면 다음줄 오른쪽 끝에서 왼쪽으로 이동하고, 왼쪽 끝에 도달하면 다시 오른쪽으로 이동하며, 13개의 패턴이 반복된다.

멘사 수학 퍼즐 보고서
도전하고 성장하라!

멘사 수학 퍼즐 테스트에는 170개의 다양한 퍼즐 문제가 수록되어 있다. 이 퍼즐들은 당신의 뇌에 분명히 자극을 줄 것이다. 하지만 어떤 퍼즐은 난감함에 머리를 한없이 긁적이게 될 수도 있다.

이 책의 퍼즐을 통해 논리적 추론, 연역 추론, 공간 인식, 수학, 문자 패턴 등 다양한 영역에서 자신의 능력을 시험해볼 수 있다. 혹시 문제를 풀다가 답답함에 뒤에 있는 답지로 향하는 자신을 발견하더라도 너무 좌절하거나 기분 나빠할 필요는 없다. 사람은 누구나 각 영역별로 강점이 다를 수 있으니까. 여기서 가장 중요한 것은 이런 퍼즐 문제들을 풀어봄으로써 당신의 두뇌를 잘 운동시키고 훈련시킬 수 있다는 것이다.

이 책의 퍼즐은 대략 다섯 영역으로 나누어볼 수 있다.

1. 논리적 추론

논리적 추론은 모든 퍼즐 문제의 중추라고 할 수 있다. 당신은 주어진 일련의 정보를 바탕으로 정답에 이르는 데 필요한 단계들을 생각해내야 한다. 논리적 추론만을

묻는 테스트는 사전 지식이 전혀 필요하지 않다. 하지만 논리적 사고는 멘사 수학 퍼즐에서 공통적으로 나타나는 핵심 부분이다.

2. 수평적 사고

수평적 사고는 상상력을 발휘하여 새로운 방식으로 사고함으로써 문제 해결을 시도하는 것이다. 이는 정신적 유연성과 연관성이 높다. 때로는 당연히 맞는 것처럼 생각되는 경로나 틀에서 벗어날 필요가 있다. 이 책의 퍼즐 중 어떤 문제는 처음에 보이는 데로 풀리지 않을 수도 있다. 만약 처음에 시도한 경로나 방식으로 정답에 이르지 못했다면, 일단 그 과정은 제쳐두고 골치 아프더라도 다른 영역이나 다른 방식으로 시도해봄으로써 한 걸음 더 내딛어야 한다.

3. 공간 인식

공간 인식은 지능의 중요한 측면이다. 추상적인 시각

정보를 객관적인 현실의 일부로 파악해 다루는 능력은 높은 아이큐(IQ)와 상관관계가 깊은 부분 중 하나이다. 이러한 방식으로 데이터를 사용하면 새로운 연역과 추론이 가능해지고, 결과적으로 다룰 수 있는 정보의 양도 늘어난다.

4. 단어 패턴

단어 즉 문자 패턴을 통해 모든 서술의 근원이 되는 문자 언어와 기호를 얼마나 잘 사용하는지 알아볼 수 있다. 언어를 사용하는 기능은 지능과 상관관계가 깊은 또 하나의 능력이며, 의사소통의 필수 요소다. 의사소통 없이는 아이디어나 새로운 지식을 공유할 수 없기 때문이다.

5. 수학 및 정보 문제

수학 및 정보 문제를 통해 지식뿐 아니라 퍼즐 해결 능력을 시험해볼 수 있다. 정보 지능은 실제 데이터를 바탕으로 적용할 때 가장 강력하다. 천재인지 아닌지는 잠재력이 아니라 문제를 해결하는 행동 방식을 통해 알 수 있다. 이 퍼즐 문제를 통해 문제 해결 능력뿐 아니라 수학의 정보나 다양한 사실을 어떻게 받아들이지도 시험해볼 수 있다.

우리 인류는 아주 오래 전부터 우리의 정신적 능력을 시험하기 위해 퍼즐을 사용해 왔다는 사실에서 퍼즐의 중요성을 알 수 있다. 또한 퍼즐은 우리의 일상과 밀접한 관련이 있으며, 아주 초기의 글쓰기 사례에서조차도 분명한 증거를 찾을 수 있다.

이런 정신적 도전을 시도하려는 열망은 누구에서나 본

능적으로 존재한다. 그것이 바로 우리가 누구인가를 설명할 주요 요소이기도 하다. 세계를 바라보고 도전하고 그것을 조작하여 의미 있게 만들 수 있는 두뇌의 능력은 우리가 가진 가장 강력한 자산 중 하나이다. 그렇기에 육체 운동과 마찬가지로 정신 운동이 중요할 수밖에 없다.

사람은 자신을 평가하는 것을 좋아하고 도전에 성공하는 것을 좋아하며 성장하는 것을 좋아한다. 퍼즐 풀기를 통해 이런 도전정신과 성취감을 맛보기를 바란다.

옮긴이 김국인

서울대학교 사범대학 수학교육과를 졸업하고, 동대학원에서 석사 학위를 받았으며, 박사 과정을 수료하였다.
지금은 서울과학고등학교 수학 교사로 재직중이다.

멘사 수학
퍼즐 테스트

초판 1쇄 인쇄 2018년 7월 15일
초판 1쇄 발행 2018년 7월 20일

지은이   멘사 인터내셔널
옮긴이   김국인

디자인   박재원

펴낸이   김경희
펴낸곳   다산기획
등록   제1993-000103호
주소   (04038) 서울 마포구 양화로 100 임오빌딩 502호
전화   02-337-0764
전송   02-337-0765
ISBN   978-89-7938-114-6 04410
          978-89-7938-111-5 (세트)

* 잘못 만들어진 책은 바꿔드립니다

멘사코리아
주소 서울 서초구 언남9길 7-11, 5층 (제마트빌딩)   **이메일** gansa@mensakorea.org   **전화번호** 02-6341-3177